献给我的妻子和女儿

序 言

化学研究物质的组成、结构、性质及变化规律，与生命科学、医学、材料科学、环境科学、天文学等学科紧密关联，通常被视为自然科学的中心学科。化学也是创造新物质的科学，这些新物质满足了国家的重大战略需求，也极大地丰富和改善了人们的日常生活。同时，对人类未来发展至关重要的新能源、新药物、环境保护等研究，也都与化学科学密切相关。

由清华大学出版社出版的《美丽的化学结构》和《美丽的化学反应》两本书以生动形象和引人入胜的语言，通过介绍化学结构和化学反应，展现了化学科学的发展历程和研究内容，显示了化学的美丽和独特魅力。例如，在《美丽的化学结构》一书中，作者借助最新的电脑图像技术，展现了众多既有美感，又具有科学意义的化学结构。用精美的图片和精炼的语言，描绘了人类在认识物质微观结构过程中 10 个重要研究方向的发展历程。《美丽的化学反应》一书中，作者用特殊的摄影技术，将化学反应中和反应产物的绚丽色彩和多姿形态呈现给读者。用精心制作的图像，再现了 1660 — 1860 年期间，波义耳、拉瓦锡等著名化学家使用的重要化学实验仪器，并介绍了相关知识和研究的历史背景。

科学研究与科技传播是科技工作的一体两翼，科技传播对国民科学素养的提升以及对国家经济发展和社会进步都具有重要的意义。中国科学技术大学历来重视科技传播工作，这两本书的出版，必将激发读者对化学的兴趣，吸引更多的年轻人投身于化学科学研究事业，为国家和人类作出贡献。

万立骏

中国科学院院士

中国科学技术大学校长

前　言

关于“美丽化学”前期网站 BeautifulChemistry.net

“美丽化学”是由中国科学技术大学先进技术研究院（简称中科大先研院）和清华大学出版社联合制作的原创网络科普项目，其主旨是将化学的美丽和神奇传递给大众（中文版网址 http://BeautifulChemistry.net/cn）。在“美丽化学”中，我们使用 4K 高清摄影机捕捉化学反应中的缤纷色彩和微妙细节；在分子尺度上，我们使用先进的三维电脑动画和互动技术，展示近年来在《自然》（*Nature*）和《科学》（*Science*）等国际知名期刊中报道的微观化学结构。

“美丽化学”网站英文版于 2014 年 9 月 30 日上线，中文版于 2014 年 10 月 31 日上线。截至 2015 年 11 月底，有超过 31 万人访问“美丽化学”网站（其中中国用户占 28%，美国用户占 22%，其他国家用户占 50%），网站页面点击量超过 630 万次，在线视频播放次数超过 520 万。“美丽化学”网站上线后得到了世界各地主流媒体的关注，并获得多个国内外奖项，参加了多个强调科学与艺术融合的国内外展览，包括英国广播公司（BBC）、探索频道、麻省理工学院（MIT）、哥伦比亚大学、腾讯 WE 大会等都通过授权使用了“美丽化学”的素材（详细成果见第 VIII 页）。

本书作者梁琰是“美丽化学”项目中科大先研院一方的负责人，也是项目的作者、摄影兼科学可视化指导。项目的其他主要成员包括：化学反应指导陶先刚（中国科学技术大学化学系副教授），化学反应指导黄微（中国科学技术大学化学实验教学中心副主任、高级实验师）。

关于“美丽化学”书籍

在编写“美丽化学”时，我们希望在之前网站的基础上更进一步，在内容和形式上更好地向公众展示化学独特的美丽。为了适应不同读者的需求，我们规划了两本书——《美丽的化学反应》和《美丽的化学结构》（以下简称《反应》和《结构》）。《反应》适合所有读者，即使没有化学基础的读者，也可以从书中感受到化学反应呈现出的绚丽色彩和多姿形态。《结构》展示了大量美妙的微观化学结构，适合有一定化学基础和对化学感兴趣的读者阅读。

为了提升书中化学知识的广度和深度，每本书中都增加了超过 50 页的“历史”部分。我们希望通过介绍一些相关的历史知识，让读者更好地体会化学的美丽。在《反应》的历史部分，我们选择了 1660—1860 年间波义耳、普利斯特里、拉瓦锡等 12 位著名的化学家，在认真调研他们原始著作的基础上，用精致的手绘图片和简洁的文字对他们使用过的重要化学装置进行了展示和介绍。我们希望从化学实验装置的演变这一全新的视角，展示化学革命前后这一段最有代表性的化学史。在《结构》的历史部分，我们从原子结构、晶体结构、生物大分子结构等 10 个方面，比较全面地展示了化学家在认识物质微观结构过程中的重要研究成果。虽然两本书的历史部分篇幅都不是很长，但却花费了我们大量的时间和心血。希望我们的努力可以让看似枯燥的化学史变得更为生动、有趣。

除了历史部分，两本书中还包括了精美的“欣赏”部分。在《反应》的欣赏部分，我们用国际一流水准的 CG 图像复原了历史上 15 套重要的化学反应装置；另外也包括了我们拍摄的化学反应 4K 视频的截图，每张截图都为印刷进行了优化，其中一些截图也是在之前网站中没有出现的。在《结构》的欣赏部分，我们用更为细腻的图像风格，展示了 58 种化学结构，另外还包括了化学结构 CG 动画的截图。此外，《结构》还包括“注释”部分，其中对上述 58 种化学结构进行了简要介绍。

在书籍编写的过程中我们追求的一个目标是确保每一张图片的原创性，而且将每一张图片的质量都做到极致。在文字方面，我们力求用简明扼要的文字与图片一起高效地传递科学知识。我们希望读者通过阅读我们的书籍不但可以学到化学知识，也可以得到美的享受。最后，书中难免会有错误和不足之处，恳请读者给予指正（scivis @ ustc. edu. cn），我们会在新的版本中及时修正。

这两本书目前得以完稿，是很多人共同努力的结果。《反应》和《结构》的创意、文字创作、文献调研、封面设计、版式设计均由梁琰完成。《反应》历史部分的图片，科学家肖像、装置手绘图：陈磊。《反应》欣赏部分的图片，装置 CG 复原：上海映速（建模：刘晨钟、陈易嘉、邝江俊、宗梁；灯光、材质、渲染、后期：宗梁）；化学反应摄影：梁琰（化学反应在陶先刚和黄微指导下完成）。《结构》历史部分的图片，矢量图：梁琰；手绘图：陈磊。《结构》欣赏部分的图片，结构图像：梁琰；CG 动画：梁琰（创意、3D 模型），上海映速（动画：宗梁、刘帅、邝江俊；材质、灯光、后期：宗梁）。书籍的排版由陈磊完成。

作者梁琰的致谢

对于“美丽化学”网站的致谢 首先要感谢中科大先研院和清华大学出版社使制作“美丽化学”项目成为现实。另外，要感谢中国科学技术大学科技传播系的周荣庭系主任和王国燕老师，因为二位的支持和帮助，我才能来到中国科学技术大学这个优秀的平台上施展才能。感谢中国科学技术大学化学实验教学中心为拍摄化学反应提供场地和药品。感谢秦健博士（芝加哥大学）、Felice Frankel（MIT）、江海龙博士（中国科学技术大学）、马明明博士（中国科学技术大学）、王顺博士（上海交通大学）、张一帆（中国科学院化学研究所）、Charles Xie 博士（Concord Consortium）、吴扬博士（清华大学）、孙晓明博士（北京化工大学）、李峰博士（中国科学院金属研究所）在网站制作过程中提出的宝贵意见和建议。另外特别感谢中国化学会，在第 29 届学术年会上邀请我们介绍“美丽化学”项目（当时网站还没有上线）。感谢国内外媒体对项目的关注和报道，帮助我们把“美丽化学”传递给更多人。最后要衷心感谢所有关注过“美丽化学”的朋友，我们收到了很多热情的支持、鼓励和指正，这些都是我们继续努力工作的动力。

对于“美丽化学”书籍的致谢 首先要感谢我的家人对我的支持和理解，尤其是我的妻子在家庭方面的巨大付出。感谢我的朋友陈磊在手绘图像和排版方面的巨大贡献。感谢上海网晟网络科技有限公司的刘辉先生为“美丽化学”项目捐款 10 万元人民币，协助我们可以用最高水平完成化学史部分的内容。感谢上海映速为我们精心制作国际一流水准的历史化学仪器 CG 复原图像。感谢清华大学吴扬博士和王寅分别为书稿文字和封面设计提出的宝贵意见。感谢北京市科学技术委员会对书籍出版的经费支持。最后要衷心感谢责任编辑袁琦在书籍编写过程中给予的巨大帮助，也衷心感谢清华大学出版社各位领导对“美丽化学”书籍的大力支持。

附：“美丽化学”项目成果一览

获得奖项

- 2015 年 2 月获得由美国国家科学基金会（NSF）和美国《大众科学》（*Popular Science*）杂志举办的 Vizzies 国际科学可视化竞赛视频类专家奖 (Experts' Choice)。
- 2015 年 4 月获得由浙江省科技馆和果壳网举办的菠萝科学奖菠萝 U 奖。
- 2015 年 5 月获得由上海科技馆举办的上海科普微电影大赛最佳摄影奖。
- 2015 年 7 月获得第六届中国数字出版博览会 2014—2015 年度创新作品奖。

媒体报道

- 国内媒体：《中国青年报》、《中国科学报》、《环球人物》杂志、《扬子晚报》、新华网、果壳网、《环球企业家》杂志、《新安晚报》等。
- 国外媒体：《时代周刊》官网、探索频道、《赫芬顿邮报》等 10 多个国家的主流媒体。

参加展览

- 2014 年 12 月，中国电脑美术 20 年（北京中华世纪坛）。
- 2015 年 7 月，自然与艺术之谜特展（中国台湾“国立自然科学博物馆”）。
- 2015 年 8 月，上海国际科学与艺术展（上海中华艺术宫）。
- 2015 年 9 月，英国皇家摄影学会国际科学图像展（英国巡展）。

授权情况

- 2014 年 10 月 7 日，加拿大探索频道《每日星球》（*Daily Planet*）栏目对“美丽化学”项目进行报道。
- 2015 年 3 月，“美丽化学”中的一段视频被电影《对称》（*Symmetry*）采用。《对称》是在欧洲核子物理研究所（CERN）中，以宏伟的粒子对撞机为舞台背景拍摄的一部歌舞剧。
- 2015 年 3 月，授权 Red Beard 品牌在梅赛德斯–奔驰时装周（伊斯坦布尔站）上使用“美丽化学”视频，用于 T 形台背景视频。
- 2015 年 3 月 11 日，“美丽化学”视频出现在英国广播公司（BBC）《新闻之夜》（*Newsnight*）节目中，用来比喻英国当前的联合政府。
- 2015 年 4 月 22 日，“美丽化学”视频出现在由 2013 年诺贝尔和平奖得主“禁止化学武器组织（OPCW）”为化学武器第一次大规模使用 100 周年制作的纪录片《牢记伊普尔》（*Remembering Ieper*）中。
- 2015 年 11 月 8 日，“美丽化学”视频出现在 2015 腾讯 WE 大会的开场视频中，表现大会“向未来，共生长”的主题。包括 LinkedIn 联合创始人 Reid Hoffman 和 MIT 媒体实验室总监 Joi Ito 等重量级人物都在这次盛会上发表了精彩演讲。
- 其他授权包括：MIT 慕课课程、哥伦比亚大学化学系主页、剑桥大学出版社、HTC 等。

美丽化学公众号

原点阅读公众号

目　录

历 史

罗伯特·波义耳（Robert Boyle）
1627—1691

波义耳

波义耳于 1627 年 1 月 25 日出生在爱尔兰沃特福德郡。波义耳强调实验在科学研究中的重要性，并拥有高超的实验技艺。他优化了当时的很多实验装置，并在很多领域作出了突出的贡献。波义耳是现代化学的奠基人。他认为化学是一门自然科学，而不仅仅是实用的手艺或者神秘的炼金术（波义耳相信炼金术）。他通过实验证明古希腊的四元素说是不成立的，并提出了接近现代概念的元素理论。波义耳支持微粒学说，相信自然的机械本质。在这方面，他深深影响了包括牛顿在内的诸多科学家。1691 年 12 月 31 日，波义耳在英国伦敦去世，享年 64 岁。波义耳对科学的贡献总结如下：

- 发现波义耳定律（在一定温度下气体的体积和压强成反比）。
- 优化了真空泵并在真空中进行实验，发现声音无法在真空中传播，蜡烛无法在真空中燃烧等现象。
- 对燃烧和金属烧结给出了一些初级的解释。
- 强调化学检测的重要性，建立区分物质和检测物质纯度的实验方法，提出可以根据指示剂的颜色变化检测物质的酸碱性。

左图展示的是波义耳 1660 年的著作《关于空气弹性及其效应的物理－力学新实验》（*New Experiments Physico-Mechanical, Touching the Spring of the Air, and Its Effects*）中的真空泵（按原始插图重绘，CG 复原图见第 60 页）。在真空泵的设计和制作方面，波义耳的助手胡克（Robert Hooke）贡献巨大。真空泵最早由居里克（Otto von Guericke）在 1654 年发明。1657 年居里克进行了著名的马德堡半球实验，证明了大气压可以产生巨大的力量。在居里克真空泵的基础上，波义耳和胡克进行了大量优化设计，使真空泵更容易使用，而且可以在真空中进行并观测各种实验。

波义耳真空泵主要由直径约为 38cm 的球形玻璃容器和与之连接的抽气筒组成。玻璃容器上方有一个开口。实验对象通过这个开口转移至容器内部，然后盖上黄铜盖子并用胶状物质密封。抽气过程由连接玻璃容器和抽气筒的阀门及抽气筒上的小黄铜塞控制，具体过程见第 5 页（请注意各步骤中带颜色的部件）。

在《关于空气弹性及其效应的物理－力学新实验》一书中，波义耳描述了 43 个实验，涉及物理、化学、生物学等多个学科。在化学方面，他发现蜡烛、煤炭等可燃物质无法在真空中燃烧。根据当时的“水火土气”四元素理论，波义耳原以为当“气”被抽出后，物质中的“火”应该更容易被释放出来，燃烧因而应该更旺盛，而实验结果正好与预期相反。在波义耳之后，众多科学家对于燃烧本质的研究最终导致了著名的化学革命。我们在本书中将从化学实验装置的角度讲述这段精彩的化学史。

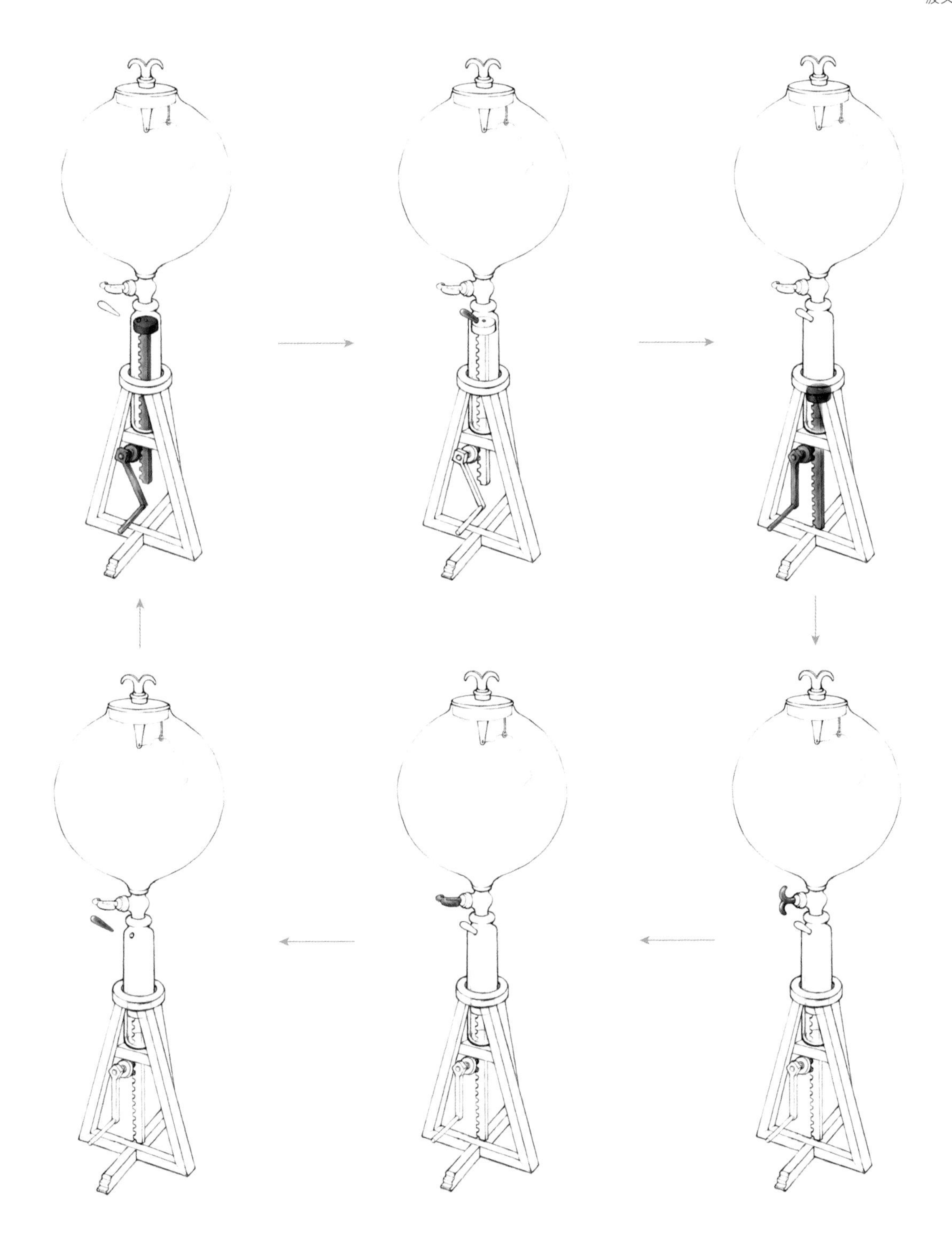

约翰·梅奥（John Mayow）
1641—1679

梅奥

梅奥大约在 1641 年生于英国。梅奥在燃烧和呼吸方面的研究要远领先于与他同时代的科学家。可惜的是，他的研究在当时并没有引起足够的重视。历史学家对梅奥在化学方面的贡献也一度存在争议。但目前看来，梅奥的实验在当时是非常新颖和严谨的。1679 年 10 月，不到 40 岁的梅奥在英国伦敦去世。梅奥对科学的贡献总结如下：

- 通过设计巧妙的实验，证明燃烧与呼吸本质上都会消耗空气中的一部分气体（即氧气），并将这部分气体命名为“硝气”。

- 指出动物呼吸时，硝气由肺部进入血液。肌肉的收缩和动物的体热都源于硝气与体内某些物质发生的化学反应。

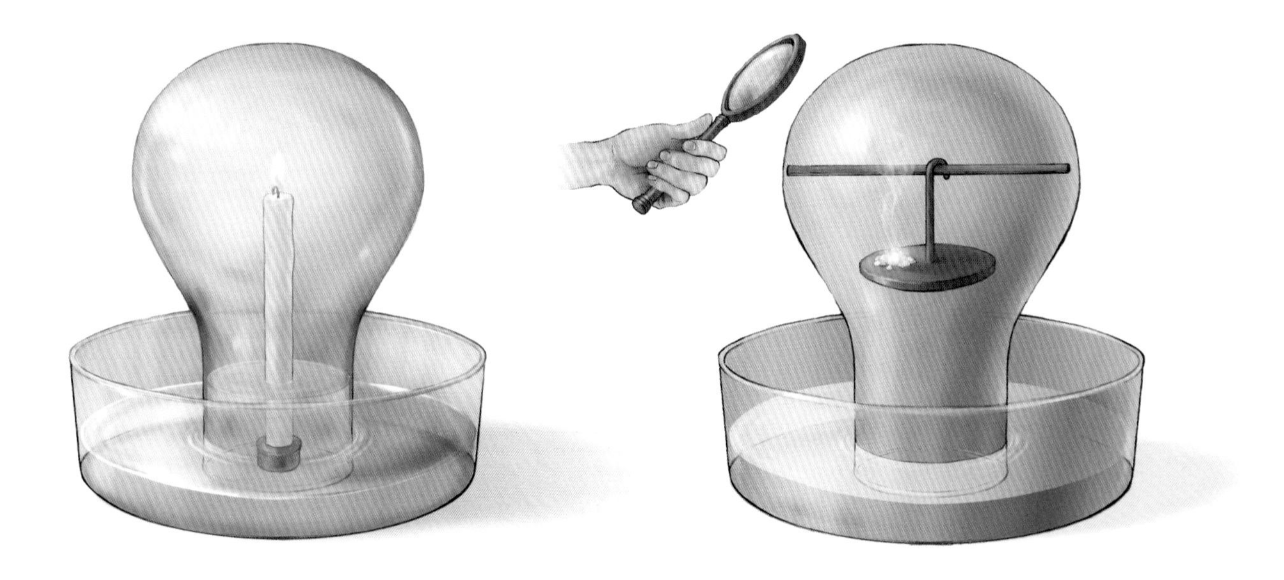

上图展示的是梅奥1674年的著作《医学生理学研究》（*Tractatus Quinque Medico-Physici*）中研究物质燃烧的实验装置（按原始插图重绘，CG复原图见第62页）。梅奥发现，在用水密闭的容器中，蜡烛的燃烧（上图左）和通过凸透镜聚集太阳光加热可燃物质引发的燃烧（上图右）都会消耗空气中的一部分气体，使容器中的水面上升。当这种支持燃烧的气体被耗尽后，燃烧就会停止。梅奥将空气中支持燃烧的空气取名为“硝气”（igneo-aerial）。梅奥的实验方法在当时是非常先进的。例如，在上面的两个实验开始前，梅奥使用U形虹吸管平衡容器内外的气压。在蜡烛燃烧实验中，虹吸管在容器封闭蜡烛后迅速取出，这样可以保证实验的准确性。

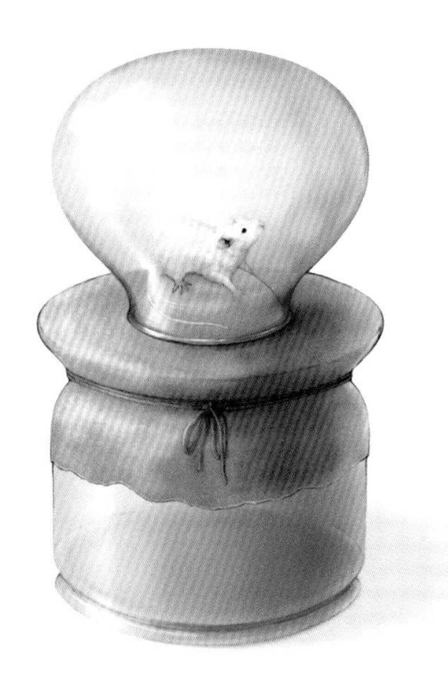

上图展示的是梅奥 1674 年的著作《医学生理学研究》(*Tractatus Quinque Medico-Physici*)中研究动物呼吸的实验装置(按原始插图重绘,CG 复原图见第 63 页)。梅奥发现,动物呼吸与物质燃烧一样,会消耗空气中的一部分气体。在上图左侧实验装置中,小鼠的呼吸使封闭容器口的膀胱膜向上鼓起;在上图右侧用水密闭的容器中,小鼠的呼吸使容器中的水面上升。当这种气体被耗尽后,动物便会死去。梅奥认为呼吸与燃烧本质上是一样的,都会消耗空气中的"硝气"。在呼吸过程中,硝气粒子与血液中的某种物质结合而产生热量。这是当时对动物呼吸比较先进的解释。

史蒂芬·黑尔斯（Stephen Hales）
1677—1761

黑尔斯

黑尔斯在 1677 年 9 月 17 日生于英国肯特郡。黑尔斯的研究主要集中于植物和动物生理学领域，他被认为是植物生理学的开创者。在研究植物的过程中，黑尔斯发现气体对于植物的重要作用，因此对气体进行了大量的研究，设计了很多用于制备和收集气体的实验装置。黑尔斯认为气体是一种元素，因此他没有深入研究气体的化学性质，而只在乎可以从物质中分离出的气体体积。但他的气体实验影响了包括卡文迪许和普利斯特里在内的很多科学家。1761 年 1 月 4 日，黑尔斯在英国特丁顿去世，享年 83 岁。黑尔斯一生对科学的贡献总结如下：

- 在植物生理学方面，发现液体在植物内部的流动方式，通过巧妙设计的实验揭示了植物蒸腾作用机制。
- 在动物生理学方面，第一次准确测量血压，并研究了不同物种在血液循环方面的差别。
- 在气体化学方面，发现很多物质都可以通过加热或发酵的方式释放气体，发展了气体化学的实验装置和手段。
- 发明通风系统，应用于矿井、监狱、船舱等密闭环境。

上图展示的是黑尔斯 1727 年的著作《植物静力学》（*Vegetable Staticks*）中通过加热方法制备和收集气体的实验装置（按原始插图重绘）。水槽中的气体接收容器底部开口。实验前首先记录接收容器中的液面位置；实验中产生的气体会使接收容器中的液面降低；实验结束后，可以根据液面的最终位置确定产生气体的体积。黑尔斯是“水火土气”四元素理论的拥护者。他认为“气”包含于众多物质中，并可以通过加热将其释放出来并确定其含量。正因如此，他错过了发现一些重要气体的机会，可能也包括氧气。对于黑尔斯来说，各种气体都是“气”元素，而他只在乎“气”在物质中的含量。但是黑尔斯的实验方法启发了后来包括普利斯特里在内的很多化学家。

左图展示的是黑尔斯 1727 年的著作《植物静力学》（*Vegetable Staticks*）中通过发酵方法制备和收集气体的实验装置（按原始插图重绘，CG 复原图见第 64 页）。左图左侧的装置可以通过倒立容器中水位的变化确定绿豆等被测物在发酵过程中产生气体的体积。在左图右侧的装置中，小玻璃瓶内装有绿豆，而瓶底装有少量汞（水银）。细长的玻璃管下端插入水银。在绿豆发酵过程中，产生的气体使瓶内的气压上升，将水银压入细玻璃管中。这样就可以通过测量玻璃管中水银的高度来确定瓶中气体的压强。同前页的加热实验一样，黑尔斯认为发酵产生的气体也是物质释放出的“气”元素，他只在意气体的量而没有研究气体的化学性质。

亨利·卡文迪许（Henry Cavendish）
1731—1810

卡文迪许

卡文迪许于 1731 年 10 月 10 日生于法国尼斯（卡文迪许是英国科学家）。虽然出身贵族，但他很少参加科学以外的社会活动，而将精力全部集中于科学研究。卡文迪许的研究领域非常广泛，但他一生中发表的科学论文还不到 20 篇。对于不是完全满意的研究成果，卡文迪许一般不会发表。在他没有发表的手稿中，其实有很多成果在当时是非常先进的。卡文迪许的实验以精准而闻名。他在 1789 年发表的地球密度与现代值仅相差 1%。1810 年 2 月 24 日，卡文迪许在英国伦敦去世，享年 78 岁。卡文迪许对科学的贡献总结如下：

- 在化学方面，详细研究了氢气的性质并测定氢气的密度，首次用水银收集溶于水的气体，精确测定水的氢氧元素比例，精确测定空气的组成。
- 在电学方面，通过实验和数学推导得出电荷之间的作用力与电荷之间距离的平方成反比，区分电量和电势两个概念。
- 在热学方面，应用潜热理论精确测定了汞、硫酸、硝酸等液体的凝固点。
- 在地球物理方面，通过高精度的实验，确定地球的密度。

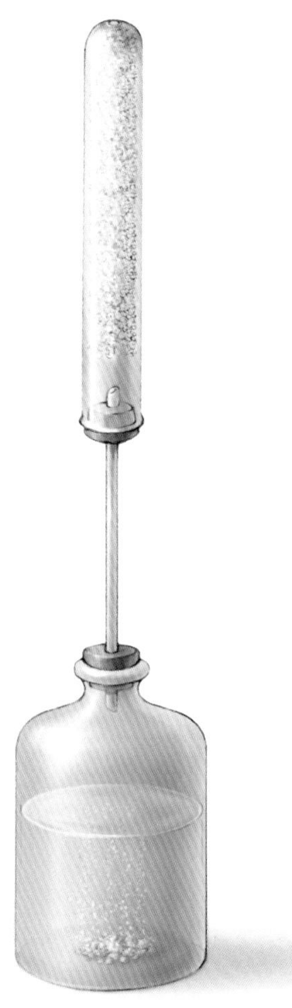

上图展示的是卡文迪许 1766 年的论文《论人造空气》（*On Factitious Airs*）中制备氢气和测量氢气质量的装置（按原始插图重绘）。卡文迪许将锌、铁、锡等金属与盐酸或稀硫酸混合，得到一种可以在空气中燃烧的气体。他称这种气体为“可燃空气”（inflammable air）。在当时，卡文迪许是燃素理论的拥护者。因为相同质量的同一种金属完全溶于不同的酸会产生相同体积的“可燃空气”，他认为“可燃空气”源于金属，是金属中的燃素。我们现在知道，“可燃空气”即氢气并不是来源于金属，而是来源于酸中的氢离子。另外，卡文迪许通过上图右侧的装置比较精确地测定了氢气的密度。装置中倒立的试管中装有碳酸钾粉末，可以吸收混在氢气中的水汽和酸雾。这样通过测量反应前后装置质量的变化，就可以得到氢气的质量，进而确定氢气的密度。

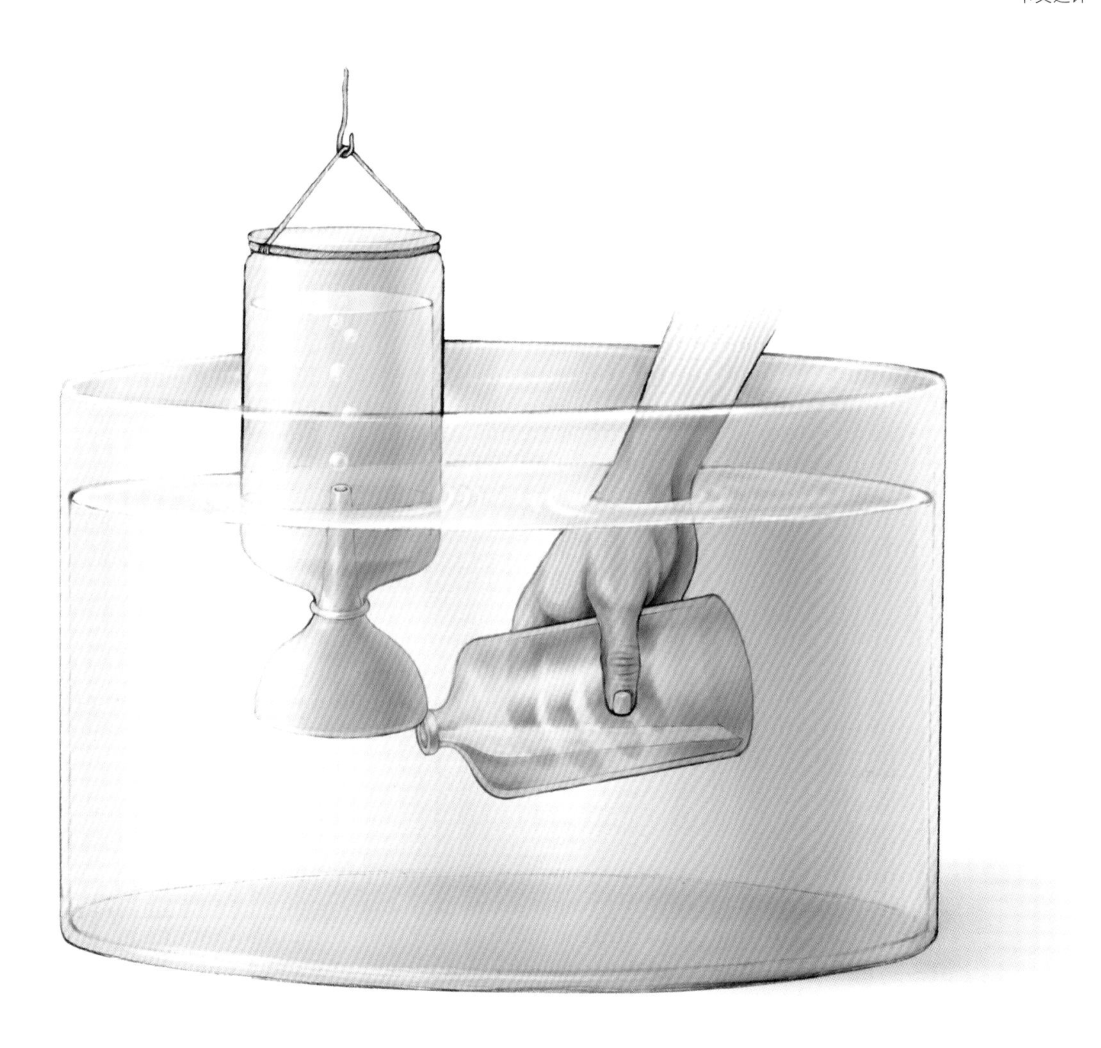

上图展示的是卡文迪许 1766 年的论文《论人造空气》（*On Factitious Airs*）中用于转移和混合气体的装置（按原始插图重绘）。点燃氢气和空气混合气体会发生爆炸。通过上面的装置，卡文迪许配制了不同比例的氢气—空气混合气体，并发现当氢气和空气的体积比为 3:7 时，爆炸最强烈。这个比例对应的氢气—氧气比为 2.04:1，非常接近水中氢氧的比例。当时，卡文迪许并不知道氧气的存在。氧气发现后，他利用一套可以用电火花点火的装置来精确测定氢气和氧气的反应比例（CG 复原图见第 61 页），最终得到的比例为 2.02:1。

卡尔·威廉·舍勒（Carl Wilhelm Scheele）
1742—1786

舍勒

舍勒于 1742 年 12 月 9 日生于瑞典波美拉尼亚（现德国施特拉尔松德）。舍勒 14 岁时成为一名药剂师学徒，并对化学产生了浓厚的兴趣。在简陋的实验室中，舍勒依靠高超的实验技能在化学的许多方面作出了贡献，其中最著名的是他在 1773 年之前独立发现了氧气。舍勒一生清贫。1782 年他终于用积蓄为自己建立了一个实验室。但遗憾的是因为身体状况不佳，舍勒于 1786 年 5 月 21 日在瑞典雪平去世，享年仅 43 岁。舍勒对科学的贡献总结如下：

- 发现氧气（舍勒将其命名为“火气”），指出空气是由火气和不支持燃烧的“秽气”（氮气）组成的。
- 发现氯气（但没有指出氯气是一种单质）、氢氟酸、四氟化硅等多种无机物。
- 区分石墨和二硫化钼。
- 发现银盐在光照下分解，这是早期摄影技术的化学基础。
- 发现酒石酸、乳酸等多种有机酸。

上图展示的是舍勒 1777 年的著作《论空气和火的化学》（*Chemische Abhandlung von der Luft und dem Feuer*）中用于制备氧气的装置（按原始插图重绘，CG 复原图见第 65 页）。装置中的曲颈瓶中装有硝酸钾与浓硫酸的混合物，在火炉加热下释放出一种无色气体，被固定在曲颈瓶瓶口用动物膀胱做成的口袋收集。舍勒观察到物质在这种气体中的燃烧更为剧烈，并放出耀眼的光芒。舍勒将这种气体命名为“火气”（fire air），也就是我们知道的氧气。他认为我们周围的空气是由支持燃烧的“火气”和不支持燃烧的“秽气”（氮气）组成的。舍勒制备氧气的时间是在 1773 年之前，但他这一成果直到 1777 年才在《论空气和火的化学》中发表，晚于普利斯特里著作的出版时间（见第 23 页）。但目前认为，两位科学家都在大约相同的时间点独立发现氧气，应共享氧气发现者的荣誉。

上图展示的是舍勒1777年的著作《论空气和火的化学》（*Chemische Abhandlung von der Luft und dem Feuer*）中用于研究氢气燃烧和动物呼吸的装置（按原始插图重绘）。舍勒发现氢气在密闭容器中燃烧，发出黄绿色的火焰（氢气火焰应为蓝色，黄绿色的火焰可能与杂质或金属离子的焰色反应有关）。因为燃烧消耗了空气中的氧气，容器中的水面上升。但因为舍勒当时在水槽中使用了热水，他并没有发现聚集在容器内表面的液滴是氢气燃烧产生的水。与梅奥的动物呼吸实验（见第9页）不同，在舍勒的动物呼吸实验中，他在密闭的容器中除了使用空气还使用了他制备的氧气，并用石灰水吸收动物呼吸产生的二氧化碳。另外，他研究的动物大部分是昆虫，除了上图中的蜜蜂，他还研究了毛毛虫和蝴蝶等。对于蜜蜂，他还特意准备了一些供它们食用的蜂蜜。发现一只蜜蜂在密闭空气中存活的时间是两只蜜蜂的两倍。另外当使用氧气时，在实验最后，容器中几乎所有的空间都被石灰水充满。舍勒的家境并不富裕，他经常使用生活中常见的容器进行化学实验。比如上图的动物呼吸实验中，水槽中的容器可能就是一个底部钻了一个孔的牛奶瓶，而封闭蜜蜂的容器就是一个普通的玻璃杯。

约瑟夫·普里斯特里（Joseph Priestley）
1733—1804

普利斯特里

普利斯特里于 1733 年 3 月 13 日生于英国约克郡。他早期的研究主要集中于电学领域。他在电学方面的著作《电学史》（*The History and Present State Electricity*）在当时非常受欢迎。1767 年，普利斯特里开始系统地研究各种气体，成为在气体化学领域的专家。普利斯特里发现了多种气体，其中最著名的是 1774 年通过用凸透镜聚光加热氧化汞得到的氧气。普利斯特里是燃素理论的支持者，他将氧气命名为“脱燃素空气”。普利斯特里是一位非常勤奋的科学家，据他自己描述，他经常写作到握不住笔为止。因为政治主张与当时的英国政府对立，普利斯特里在1794年被迫移居美国。1804年2月6日，普利斯特里在美国宾夕法尼亚州去世，享年 70 岁。普利斯特里对科学的贡献总结如下：

- 发明苏打水（溶有二氧化碳的水）。
- 独立发现氧气，根据燃素理论将其命名为脱燃素空气。
- 系统地发展了制备和研究各种气体的实验装置和实验方法，发现一氧化氮、氯化氢等多种气体。
- 发现植物可以吸收二氧化碳，释放出氧气。

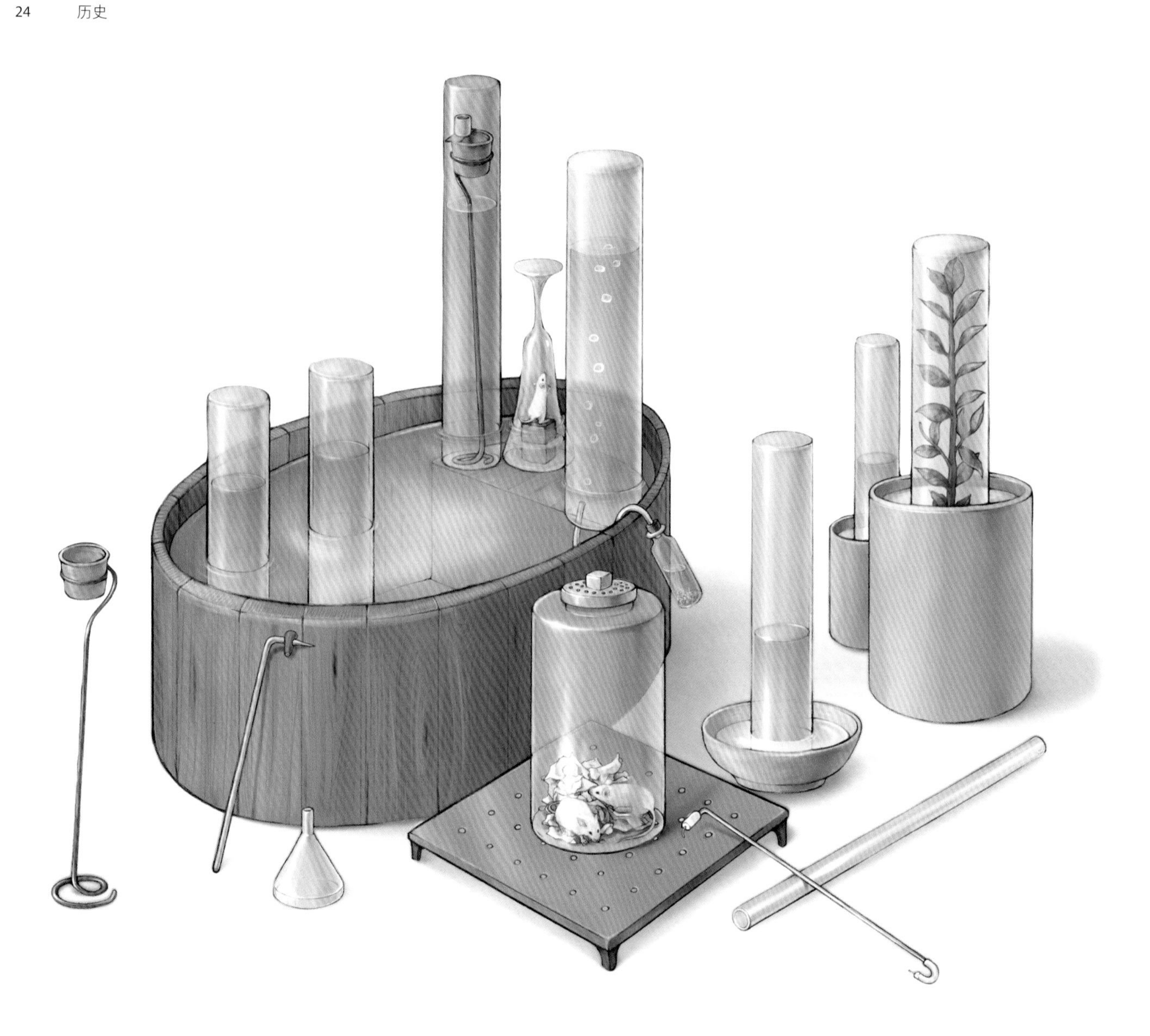

上图展示的是普利斯特里 1774 年的著作《不同气体的实验和观察》（*Experiments and Observations on Different Kinds of Air*）中使用的进行各种气体实验的实验装置（按照原书卷首插画重绘，CG 复原图见第 66 页）。在这张图中，普利斯特里绘制了多种仪器。为了不影响图像的美观，我们在第 25 页增加了线条稿，并标注了详细的文字。上图中一边有平台的水槽在实验中非常重要：气体的收集和转移，以及很多实验都是在这个水槽中完成的。

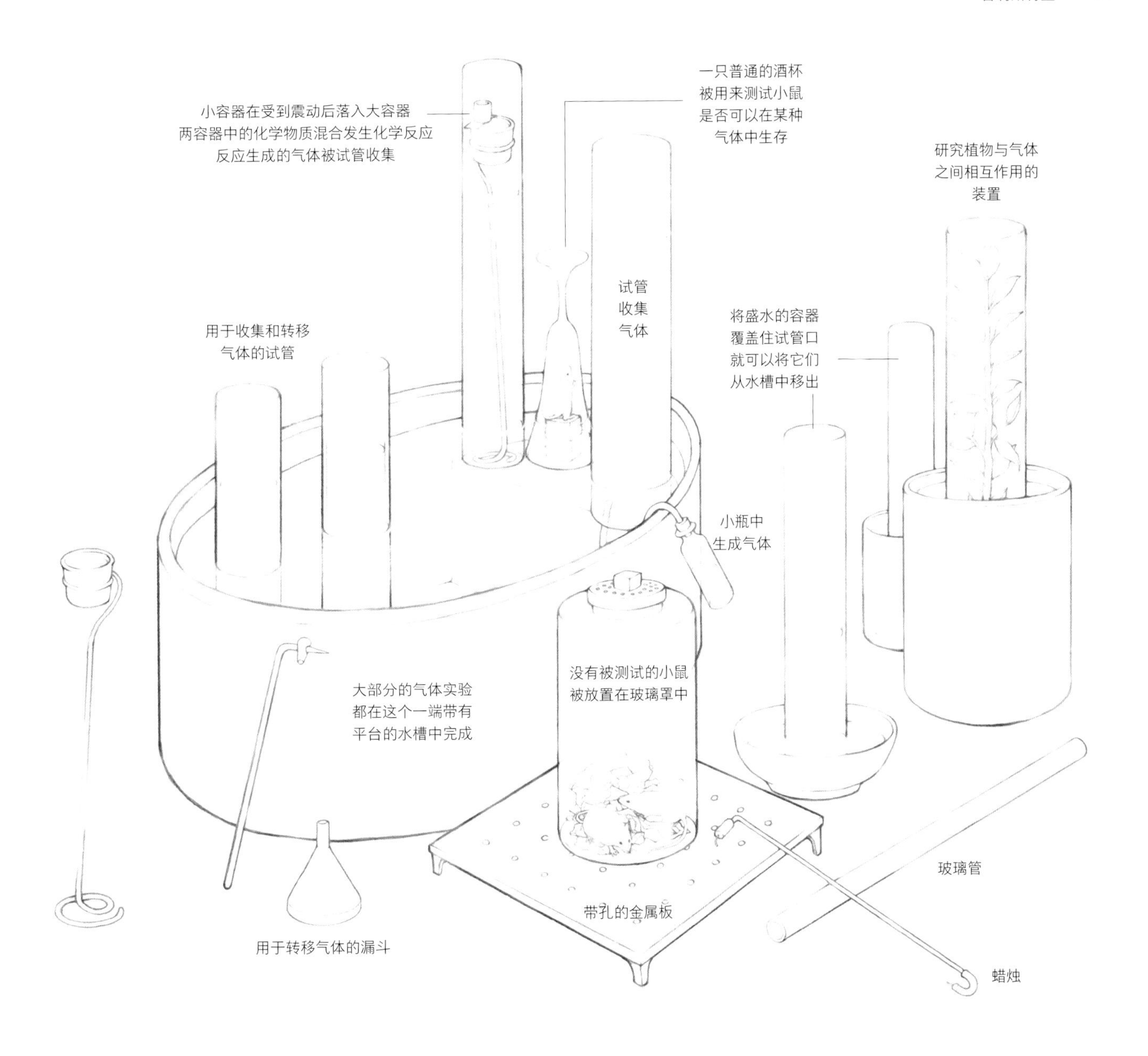

普利斯特里制备了很多种气体，包括一氧化氮、二氧化氮、一氧化碳、二氧化碳、氮气、氧气、氢气、氯化氢气体、氨气、二氧化硫等。溶于水的气体可以通过水银收集（见第 26 页）。其中一些气体是由普利斯特里首次发现的（如氧气，见第 26 页）。通过上面的实验装置，普利斯特里研究了各种气体的物理和化学性质。他也研究了绿色植物和气体之间的关系，并发现绿色植物吸收二氧化碳并释放出氧气，但他并没有研究光对植物的作用。

上图展示的是普利斯特里 1774 年的著作《不同气体的实验和观察》（*Experiments and Observations on Different Kinds of Air*）中使用的进行各种气体实验的实验装置（按照原书卷尾插画重绘，部分装置的 CG 复原图见第 67 页）。在这张图中，普利斯特里绘制了多种仪器。为了不影响图像的美观，我们在第 27 页增加了线条稿，并标注了详细的文字。普利斯特里在黑尔斯（见第 12 页）的基础上，改进了加热制备气体的装置。通过一些巧妙的设计，他研究了在电火花下气体发生的化学反应。

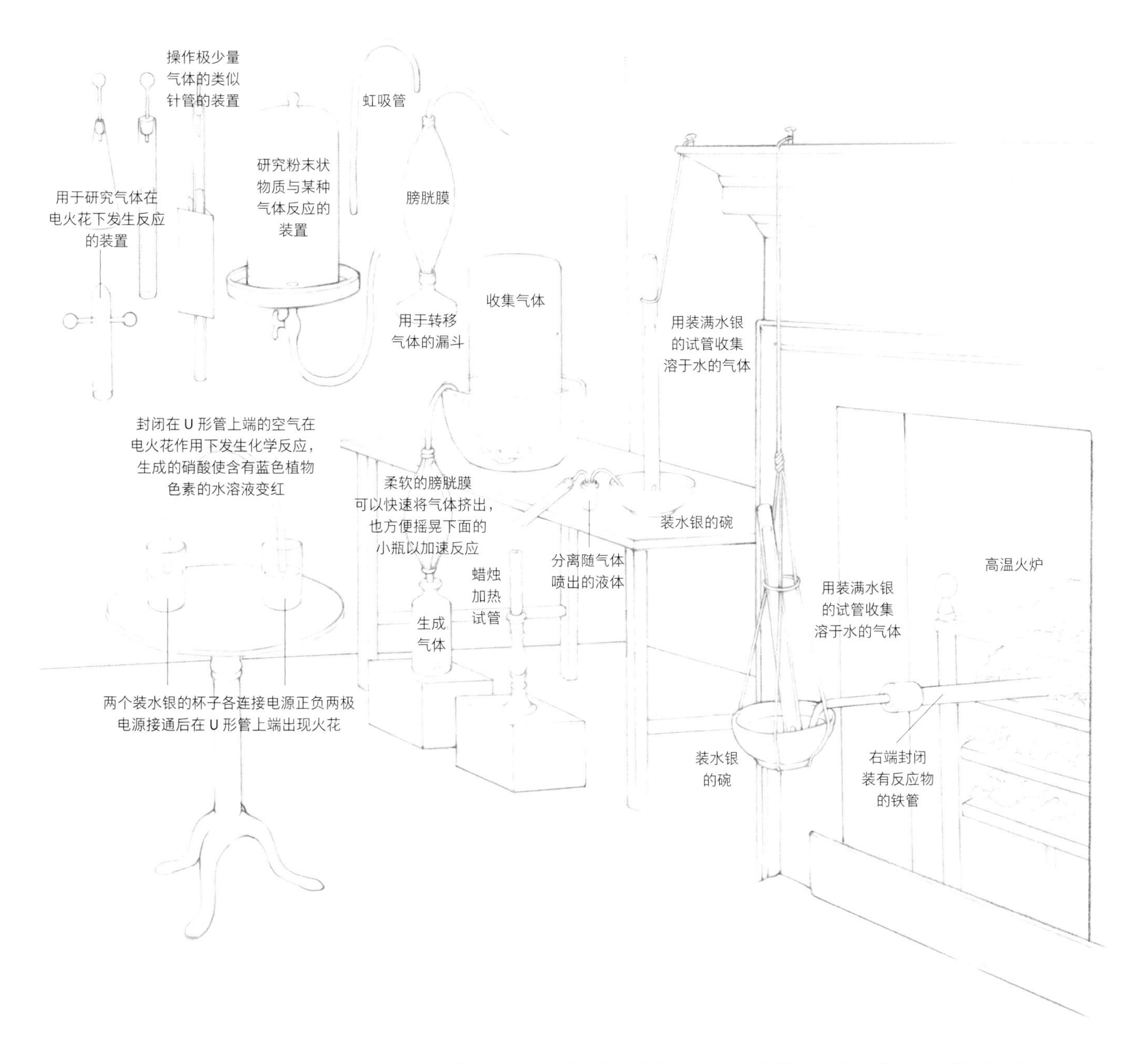

普利斯特里是最早发现氧气的科学家之一。1774 年他用凸透镜聚集太阳光来加热氧化汞，成功制备了氧气。他发现氧气不溶于水，并可以让蜡烛在其中剧烈地燃烧。普利斯特里一生都是燃素学说的坚定拥护者。燃素学说认为燃烧是可燃物中的燃素释放的过程，因此，可燃物在燃素饱和的气体中是不能燃烧的。物质之所以可以在氧气中剧烈燃烧，是因为氧气中没有或只有少量的燃素。因此，普利斯特里把氧气定名为“脱燃素空气”（dephlogisticated air），而空气中不能支持燃烧的氮气被称为“燃素空气”（phlogisticated air）。

安托万·拉瓦锡（Antoine Lavoisier）
1743—1794

拉瓦锡

拉瓦锡于 1743 年 8 月 26 日生于法国巴黎。拉瓦锡并没有发现重要的化学物质和化学反应，但他的成就在于将他人的实验结果在一个全新的理论框架内进行了合理的解释。拉瓦锡强调精确测量在化学研究中的重要性，并用定量的实验结果验证他的理论。拉瓦锡推翻了以燃素学说为代表的旧化学体系，明确了氧气在燃烧中的作用，发起了现代化学革命。法国大革命期间身为贵族的拉瓦锡引起了革命者的仇恨。1794 年 5 月 8 日，50 岁的拉瓦锡在巴黎被处以死刑。拉瓦锡对科学的贡献总结如下：

- 通过定量实验，证明了氧气在燃烧和金属烧结中的作用，推翻了燃素理论。
- 提出现代元素概念，推翻了古希腊四元素说和其他炼金术时期的元素理论。
- 用现代化学命名法（如氧化铜）取代陈旧的经验命名法。
- 撰写《化学概论》（*Traité Élémentaire de Chimie*），普及新化学体系。

上图展示的是拉瓦锡 1789 年的著作《化学概论》（*Traité Élémentaire de Chimie*）中研究汞在密闭容器中与空气发生化学反应的实验装置（按原始插图重绘，CG 复原图见第 68 页）。经过几天的持续加热，汞与空气中的氧气发生反应，生成红色的氧化汞粉末，漂浮在水银表面。在氧化汞粉末的总量不再增加后，停止加热。待容器冷却后，记录容器中气体减少的体积，也就是空气中氧气的体积。拉瓦锡发现氧气的体积约占反应前气体体积的 16%。之后取出氧化汞，对其加热并测量它释放出氧气的体积。拉瓦锡发现氧化汞释放出的氧气体积与之前密闭容器中减少的气体体积相同。虽然该实验得出的空气中的氧气浓度并不准确（这可能是因为在实验中并不是所有的氧气都参加了反应，也可能是实验本身的误差），但通过这个实验可以看出拉瓦锡对质量守恒定律的坚持以及在实验设计方面的严谨性。

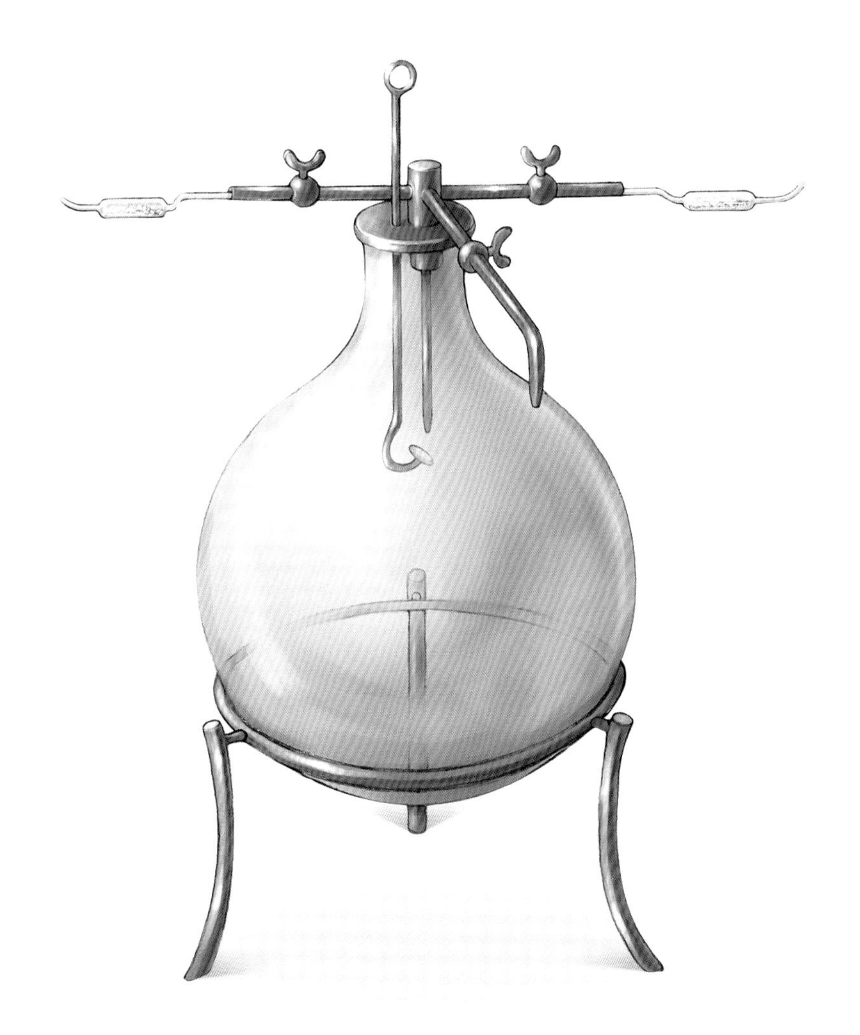

上图展示的是拉瓦锡 1789 年的著作《化学概论》（*Traité Élémentaire de Chimie*）中研究氢气在氧气中燃烧进而确定水的元素组成的实验装置（按原始插图重绘）。反应开始前，首先用真空泵抽掉容器中的空气。之后从右侧导管首先输入氧气，然后从左侧导管输入氢气，在氢气刚刚进入容器后用电火花将其点燃。保持氧气和氢气的流量比为 1:2，这样可以让火焰维持很长时间。反应产生的水在瓶底聚集。反应结束后，消耗氢气和氧气的总质量应该等于瓶中生成水的质量。通过这个实验，拉瓦锡得出水并不是元素，而是由氢和氧组成的，两者的质量百分比分别为 15% 和 85%。拉瓦锡对他确定的水的组分非常有信心。但我们知道正确的水中氢和氧的质量百分比应该分别为 11% 和 89%，而且拉瓦锡实验的准确性要远低于卡文迪许的实验（见第 17 页）。

上图展示的是拉瓦锡 1789 年的著作《化学概论》（*Traité Élémentaire de Chimie*）中研究水蒸气在高温下与铁发生反应进而确定水的元素组成的实验装置（按原始插图重绘）。上图最右侧的曲颈瓶中装有蒸馏水。加热曲颈瓶使其内部的水沸腾。来自曲颈瓶的水蒸气首先经过一根被烧得红热的长玻璃管，玻璃管中装有螺旋形的铁片。在高温下，水蒸气与铁片发生反应，生成氢气和四氧化三铁。经过长玻璃管后，气体通过螺旋形的冷凝管。没有参加反应的水蒸气被冷凝成液态水，由冷凝管下方的小瓶收集；而反应生成的氢气在左侧水槽上被玻璃钟罩收集。铁片增加的质量来自于参与反应的水蒸气中的氧。实验成功的标准是测定的氢和氧的总质量等于参与反应的水的质量（曲颈瓶减少的质量减去收集瓶增加的质量）。通过这个实验，拉瓦锡再次证明水并不是一种元素，而是由氢氧两种元素组成的化合物，其中氢和氧的质量百分比分别为 15% 和 85%，与第 31 页的氢气燃烧实验结果一样，都不是很准确。虽然拉瓦锡的实验设计通常都很出色，但实验结果的准确性一般都不是很高。

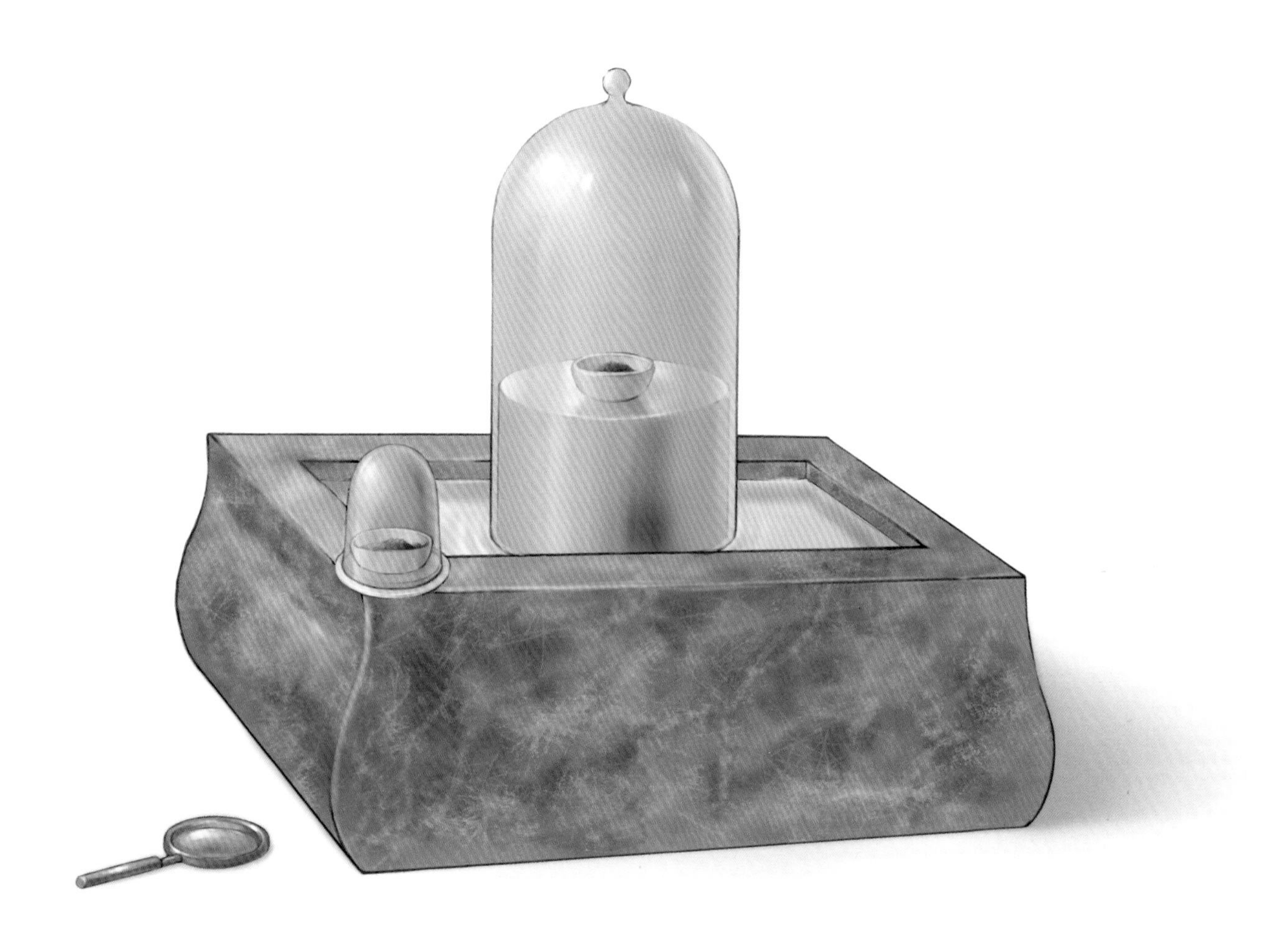

上图展示的是拉瓦锡 1789 年的著作《化学概论》（*Traité Élémentaire de Chimie*）中研究红磷在氧气中燃烧的实验装置（按原始插图重绘，CG 复原图见第 69 页）。倒扣在大理石水银槽上方的钟罩中装有氧气。装有红磷的瓷碗在一个密闭的装置中经过水银被转移到钟罩内。之后通过一个吸管抽出一部分氧气使钟罩中的水银面上升到一定高度。因为红磷非常易燃，可以用一端烧得红热的弯曲铁棒通过水银伸入钟罩内将其点燃，也可以用凸透镜聚集太阳光加热点燃。另外拉瓦锡也用这个装置研究了其他可燃物质的燃烧。在书中，他用自己的亲身经历警告读者不要用这个装置研究如酒精等易挥发物质，否则会引发爆炸。用这个装置可以比较精确地测量与红磷反应的氧气量，但却不能确定反应所生成的磷氧化合物的质量。对于拉瓦锡而言，需要验证消耗氧气和红磷的总质量是否等于生成的磷氧化合物的质量。第 35 页可以看到他设计的另外一套更为精确的实验装置。

上图展示的是拉瓦锡 1789 年的著作《化学概论》（*Traité Élémentaire de Chimie*）中研究红磷在氧气中燃烧的实验装置（按原始插图重绘）。首先将装有红磷的瓷碗和底座放入球形玻璃容器中，之后加盖并用胶状物密封。待密闭物质干燥后，称量反应容器的质量。反应前，首先用真空泵抽出容器内的气体，然后从另外一个管子通入氧气。之后，用一个凸透镜聚光点燃红磷，保持通入氧气并测量其体积，直到红磷烧尽。反应结束后，再次称量反应容器即可得到产物的质量。

亚历山德罗·伏特（Alessandro Volta）
1745—1827

伏特

伏特于 1745 年 2 月 18 日生于意大利科莫。伏特的科学研究主要集中于电学和化学。伽伐尼（Luigi Galvani）的“动物电”实验引起了伏特的极大兴趣。经过研究，伏特发现伽伐尼提出的由动物肌肉产生电力其实来自于相互接触的两种金属。在此基础上，他在 1800 年发明了伏打电堆——第一台可以连续供电的装置。伏打电堆很快在各国的实验室中盛行，开辟了很多新的研究方向。伏打电堆给伏特带来了巨大的荣誉，但他后来并没有应用电堆进行其他有影响力的研究。1827 年 3 月 5 日，伏特在意大利科莫去世，享年 82 岁。伏特对科学的贡献总结如下：

- 在前人基础上优化了起电盘和验电器的设计，使前者在当时广为流行，后者可以检测微小的电量。
- 在化学方面，研究了多种气体在密闭容器中的爆炸，并首次发现甲烷是不同于氢气的一种新气体。
- 对伽伐尼的“动物电”给出了合理的解释，发明伏打电堆。

上图展示的是伏特 1800 年的论文《论仅由不同导电物质相接触而产生的电力》（*On Electricity Excited by the Mere Contact of Conducting Substances of Different Kinds*）中著名的伏打电堆（按原始插图和论文中的描述重绘）。伏打电堆是最早可以连续供电的电池。其中三种导电物质组成了电池的一个基本单元，它们是锌片、铜片和浸过食盐水的湿润纸板（或者皮革）。多个单元按照“锌铜纸板－锌铜纸板－锌铜纸板……”的顺序堆积起来就得到伏打电堆。电池产生的电力与单元数成正比。为了组装更强大的电池，可以先将单元堆积成几个立柱，然后用金属片将立柱连接起来。上图的电池中包括 60 个单元。伏特发现，用手触摸电池的两端可以产生刺痛的感觉；如果将电池的两极通过金属片导入两个装水的容器中并将手放入水中，刺痛感更为明显。除了触觉，接触电池也会影响人的味觉、听觉和视觉。伏打电堆的发明促进了电化学的迅速发展和新元素的发现，但是伏特本人对电化学的态度并不积极。经改良的伏打电堆通常被固定于木制支架中，本书第 72 页展示了一台 19 世纪初的伏打电堆的 CG 复原图。

上图展示的是伏特 1800 年的论文《论仅由不同导电物质相接触而产生的电力》（*On Electricity Excited by the Mere Contact of Conducting Substances of Different Kinds*）中另外一种与伏打电堆原理相同的电池（按原始插图和论文中的描述重绘）。如果我们把伏打电堆中相接触的锌片和铜片换成焊接在一起的一端为锌一端为铜的弓形电极，把湿润纸板换成装有盐水的杯子，就得到了上图中的电池。因为在实验中通常把很多杯子排列成一个圆圈，这种电池后来被称为“杯之冠”（crown of cups）。

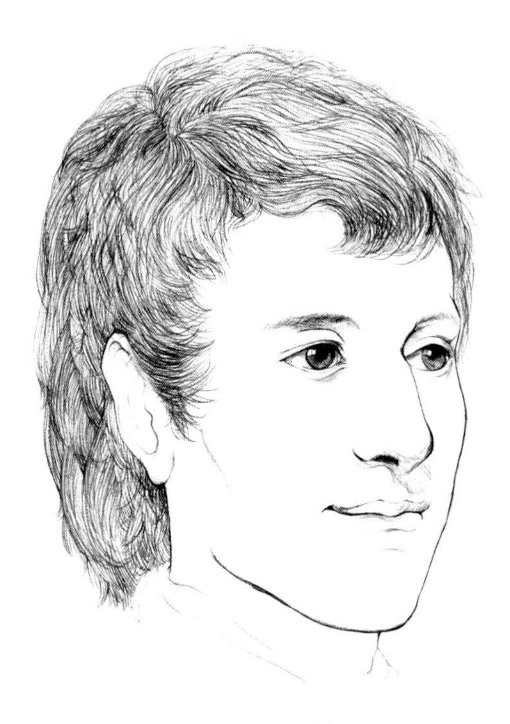

汉弗里・戴维（Humphry Davy）
1778—1829

戴维

戴维于 1778 年 12 月 17 日生于英国彭赞斯。年轻的戴维因为对笑气（一氧化二氮）的研究而备受瞩目。在伏特发明伏打电堆后，戴维将研究方向集中于电化学，并做出了重要的开创性工作。通过电解反应，他发现了多种碱金属和碱土金属，成为历史上发现元素最多的科学家之一。戴维发明的安全灯拯救了当时事故频发的英国煤矿工业。另外，戴维也是一位非常有文采的诗人。戴维于 1829 年 5 月 29 日在瑞士日内瓦去世，享年 50 岁。戴维对科学的贡献总结如下：

- 发现一氧化二氮（笑气）的生理作用。在公众场合演示笑气的作用，引起大众对科学的兴趣。

- 在电化学方面，通过电解反应首次分离出多种活泼金属，包括碱金属钠和钾，碱土金属镁、钙、锶和钡。

- 指出氯气的单质属性。

- 发明在煤矿中使用的安全灯。

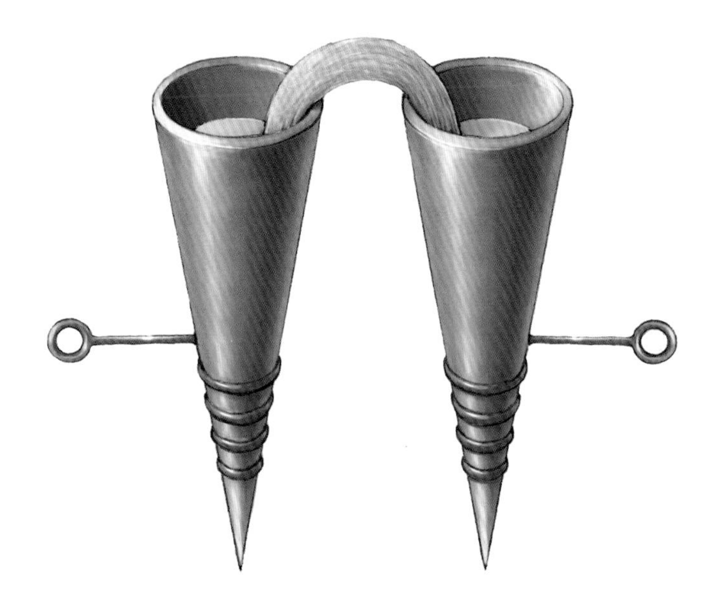

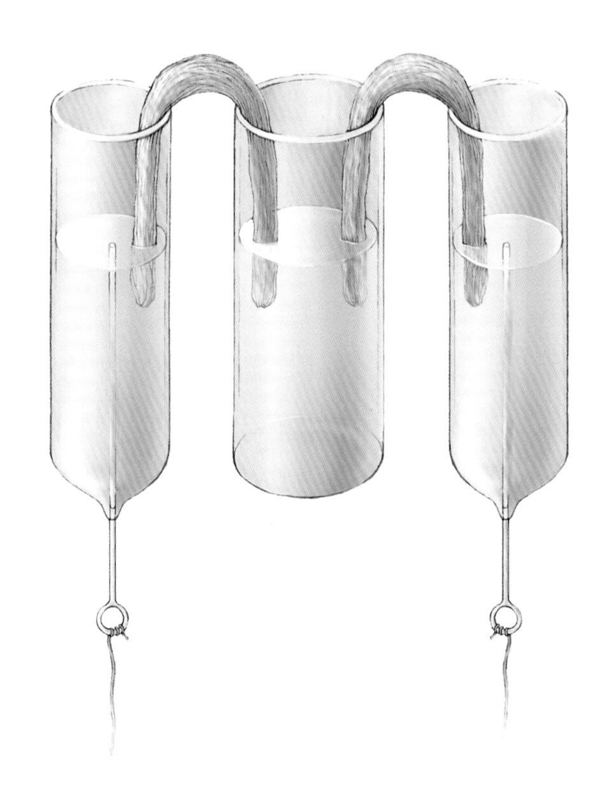

左上图是戴维 1807 年的论文《论电的一些化学作用》（*On Some Chemical Agencies of Electricity*）中研究电解水的实验装置（按原始插图重绘）。水的电解反应最早在 1789 年由两名荷兰科学家发现，当时的电力还来自摩擦生电。伏打电堆发明后，电解水的实验已经非常普遍。戴维为了深入研究水电解的过程和产物，设计了独特的装置。为了避免玻璃的成分在电解过程中混入产物，他采用了用纯金做成的圆锥形容器进行电解反应。容器中加入纯水，并用一个湿润的石棉条连接两个容器中的水。戴维观察到，在电解进行了 10 分钟后，正极的水可以使石蕊试纸变红，说明产生了酸性物质；而负极的水可以使石蕊试纸变蓝，说明产生了碱性物质。因为当时并不知道溶液中离子的存在和电解的本质，戴维没有给出合理的解释。

左下图是戴维 1807 年的论文《论电的一些化学作用》（*On Some Chemical Agencies of Electricity*）中研究电解原理的实验装置（按原始插图重绘）。左边的容器装有硫酸钾溶液并连接电源负极，中间的容器装有滴入石蕊的纯水，右边的容器装有纯水并连接电源正极。两条湿润的石棉条连接三个容器中的液体。当电解反应开始后，中间容器内的右侧石棉条附近的液体首先变成了红色。这与戴维的预期完全相反。戴维认为硫酸应该来源于硫酸钾，并从左边扩散过来，因此中间容器内的左侧石棉条附近的液体应首先变成红色。我们现在知道，实验的原理是在右侧电极产生了氢离子，氢离子通过右侧石棉条向中间容器扩散使石棉条附近的液体变红。虽然戴维在当时不能对实验结果给出合理的解释，但他的实验无疑将电化学研究引入了正确的方向。

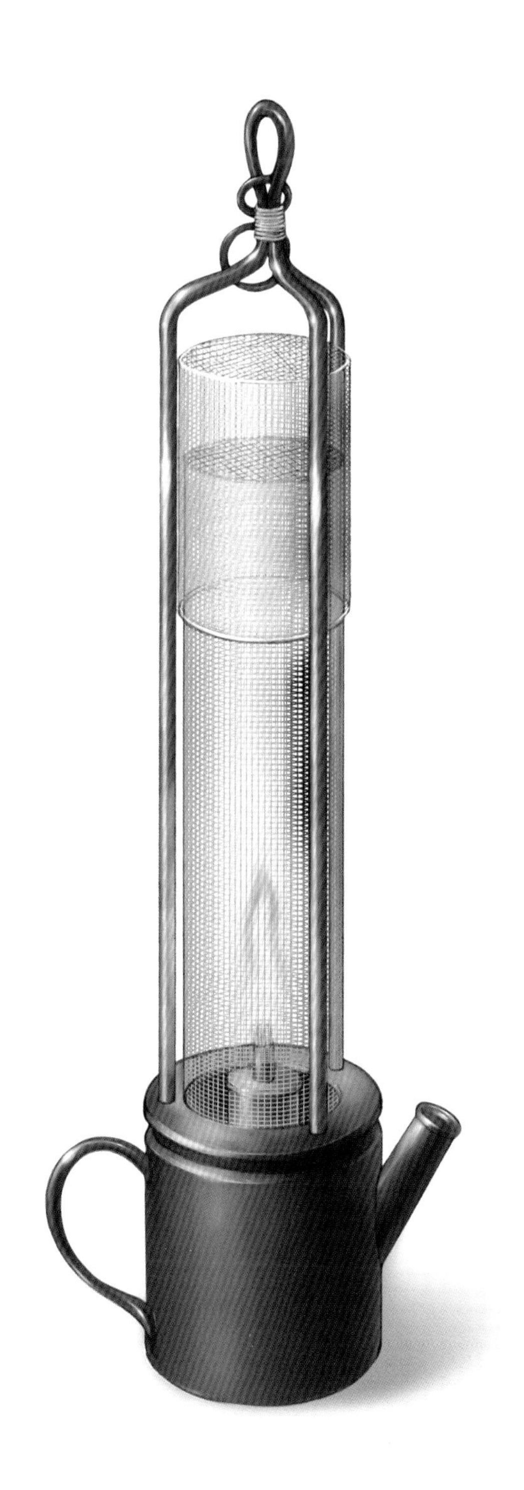

左图展示的是戴维 1818 年的著作《煤矿工人安全灯和火焰研究》（*On the Safety Lamp for Coal Miners, with Some Researchers on Flame*）中的煤矿安全灯（按原始插图重绘，CG 复原图见第 73 页）。这个安全灯最重要的组件是套在火焰周围的金属网。戴维发现，如果安全灯内的火焰触及金属网，其热量会迅速传递给金属网而导致火焰温度迅速降低，因而无法点燃环境气体，从而避免了爆炸。戴维安全灯的发明，拯救了当时事故频发的英国煤矿工业。一些朋友建议戴维为安全灯申请专利，这样可以为他带来财富。戴维在给朋友的回信中写道："我的好朋友，我从来就没有考虑过（关于申请专利）这件事。我唯一的目标就是为人类服务。如果我成功了，我会因此感到回报和满足……更多的财富也无法带给我名誉和幸福。"

迈克尔·法拉第（Michael Faraday）
1791—1867

法拉第

法拉第于 1791 年 9 月 22 日生于英国纽因顿。出身卑微、没有受过多少正规教育的法拉第最终成为 19 世纪最伟大的科学家之一。法拉第的成就主要集中于电磁学和电化学领域。我们现代使用的发电机和电动机都源于法拉第发现的电磁感应现象。法拉第也是一位优秀的科学传播者。他在英国皇家科学院举办过多场圣诞讲座，深受大众尤其是孩子的欢迎。1867 年 8 月 25 日，法拉第在英国米德塞克斯去世，享年 75 岁。法拉第对科学的贡献总结如下：

- 在电磁学领域，发现电磁感应现象。法拉第根据该现象发明的发电机和电动机成为现代设备的雏形。
- 在电化学领域，提出法拉第电解定律，奠定了现代电化学基础。
- 在化学领域，首次实现气体的液化（液化气体为氯气），发现苯和六氯乙烷等新物质。
- 在纳米科学领域，合成金纳米粒子，并发现纳米粒子具有不同于其宏观材料的新性质。

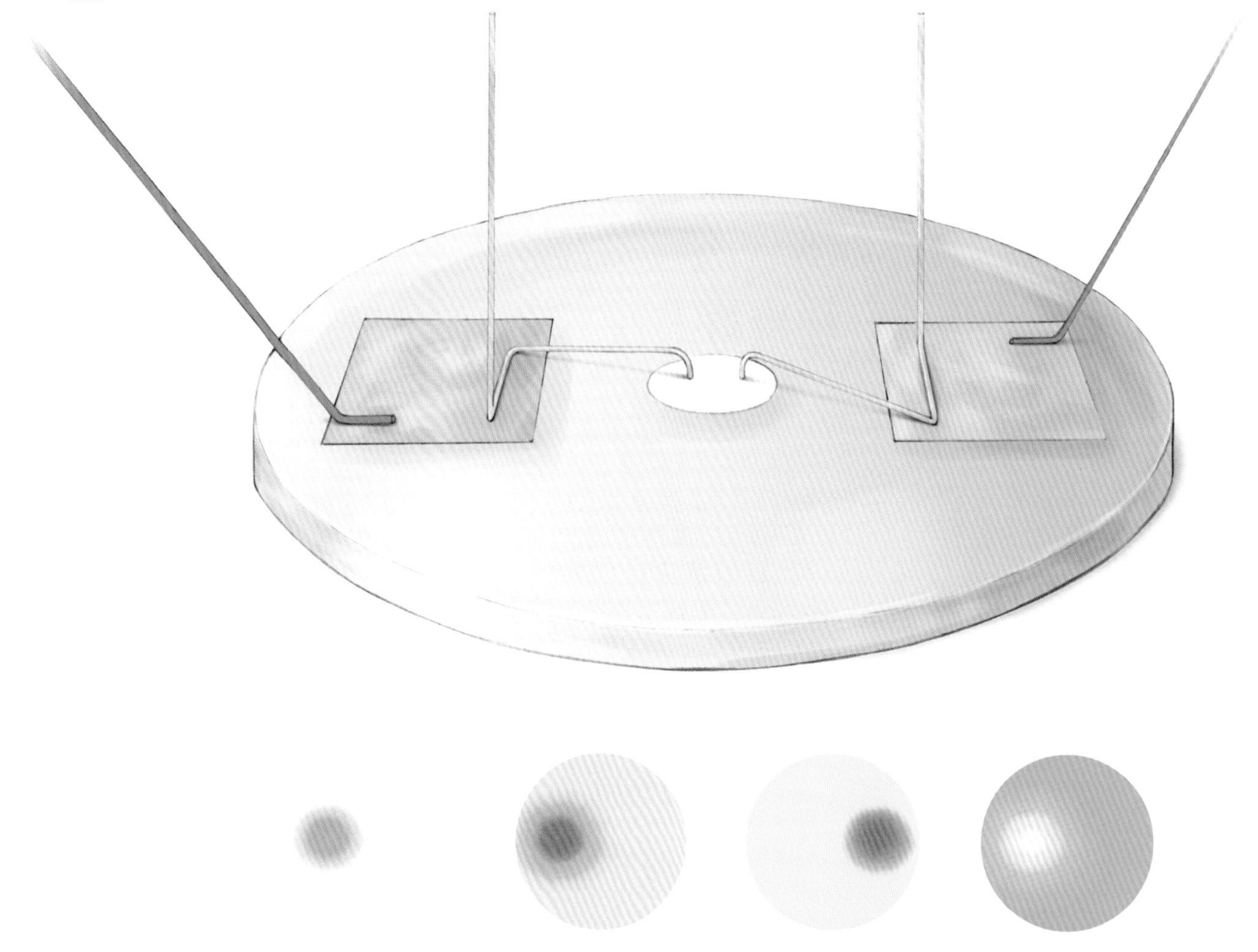

上图展示的是法拉第 1839 年的著作《电学实验研究》（*Experimental Researches in Electricity*）中研究电解反应的装置（按原始插图和论文中的描述重绘）。这项研究是在 1833 年以前完成的。相比第 42 页戴维的实验装置，法拉第的装置非常简单高效。在圆形的玻璃板上放置两张方形的锡纸，把浸过化学溶液的一片滤纸放在玻璃板中央。左右两张锡纸通过上图中黄色的铜导线分别连接电源的正负两极。两根弯曲成特定形状的铂金导线如上图放置。依靠铂金导线自身的重力即可以将电路连通，电解反应在铂金导线与滤纸接触的位置发生。在这套装置中，只需更换滤纸就可以研究不同物质的电解反应。上图下方显示了 4 个法拉第的实验结果，按照从左到右的顺序依次是：（1）浸润了碘化钾和淀粉混合溶液的滤纸，在电解反应开始后，阳极产生碘单质使淀粉变为蓝色；（2）浸润了硫酸钠和石蕊混合溶液的滤纸，在电解反应开始后，阳极产生酸使石蕊变为红色（法拉第在论文中没有提及阴极的变化）；（3）浸润了硫酸钠和姜黄混合溶液的滤纸，在电解反应开始后，阴极产生碱使姜黄变为红色；（4）浸润了盐酸和石蕊混合溶液的红色滤纸，在电解反应开始后，阳极产生具有漂白作用的氯气使石蕊褪色。通过一系列实验，法拉第发现电解反应生成产物的量与反应通过的电量成正比。这个发现被称为法拉第第一电解定律。

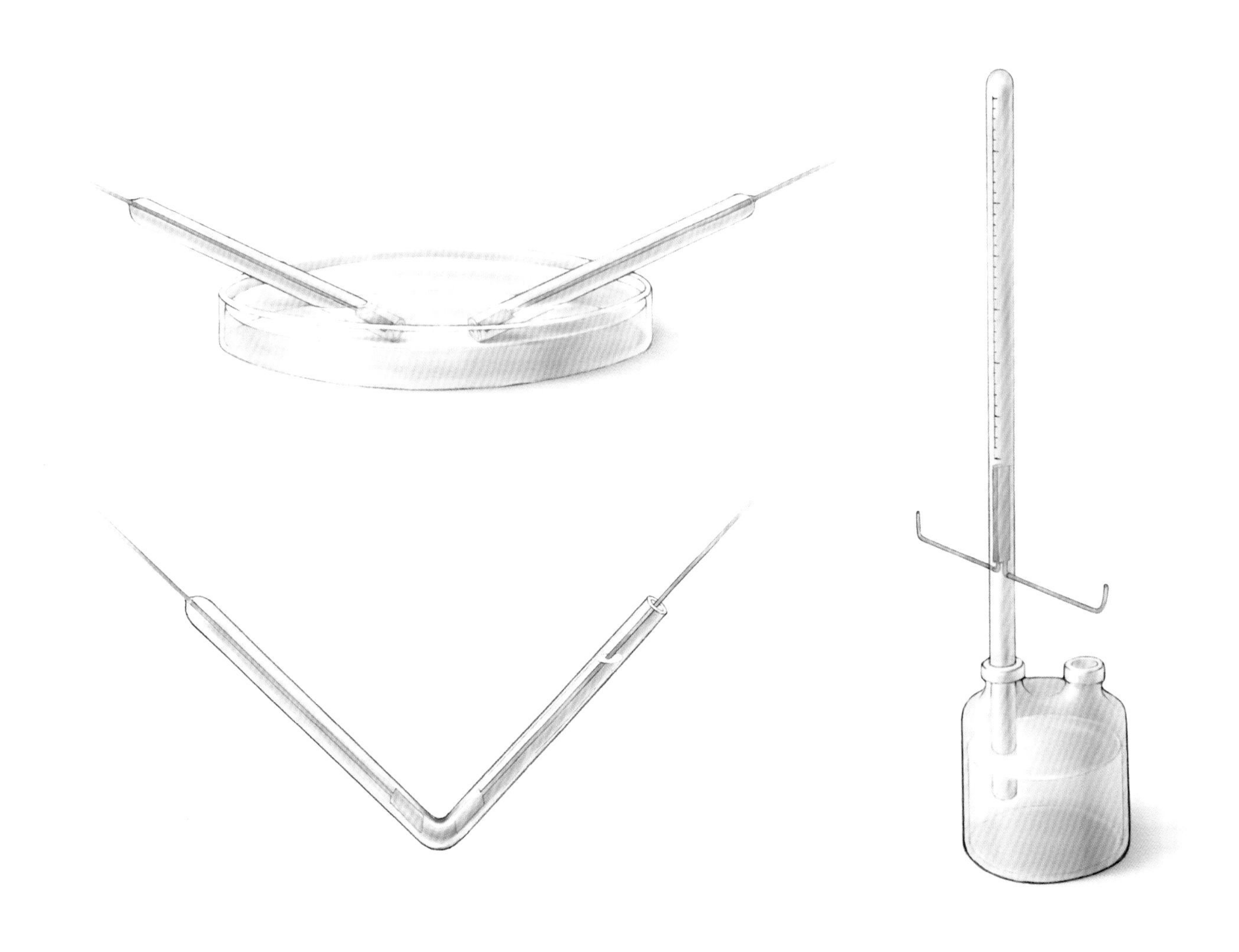

上图展示的是法拉第 1834 年的论文《论电分解》（*On Electrical Decomposition*）中用于测量电量的装置（按原始插图重绘）。我们知道串联在同一个电路中的各个部分在相同时间内通过的电量相同。如果将电解水的装置与另外一个待研究的电解反应装置串联，通过测量电解水产生气体的体积，就可以得出另外一个反应通过的电量。上图展示的三种测试电量的装置，法拉第将其称为电解电量计（Volta-electrometer）。其中：一个分别测量氢气和氧气的体积；一个仅测试氢气或氧气的体积；一个测量氢气和氧气的总体积。三个装置的共同特点是铂金属不会与氢气和氧气的混合物接触，因为法拉第发现氢氧混合物在铂金属存在时会缓慢反应转变成水，从而影响测量的精度。通过电解电量计，法拉第精确地计算出很多元素的相对原子质量，并提出了法拉第第二电解定律。

尤斯图斯·冯·李比希（Justus von Liebig）
1803—1873

李比希

李比希于 1803 年 5 月 12 日生于德国达姆施塔特。他在有机化学、分析化学、农业化学、营养学和生理学等领域取得了巨大的成就。另外，李比希在化学教育方面也作出了突出贡献。在化学实验室中进行教学并指导学生研究是李比希的首创。他在吉森大学的实验室吸引了大量来自德国境内和其他国家的学生前来学习。另外，李比希深信科学知识是没有国界的，他是 19 世纪推动科学国际化的科学家之一。1873 年 4 月 18 日，李比希在德国慕尼黑去世，享年 69 岁。李比希对科学的贡献总结如下：

- 在有机化学和分析化学领域，发明了新的元素分析装置，极大地提高了有机化合物分析的精度和效率。
- 在农业化学方面，将有机化学知识应用于农业，指出植物中化学元素的来源（如碳元素来源于空气中的二氧化碳，氮元素来自雨水中的氨等）。在此基础上，首次提出使用化肥可以促进农作物生长。
- 在营养学和生理学方面，李比希从化学角度分析了营养物质在体内的转化，并正确地推测出淀粉和糖可以转化为脂肪。

上图展示的是李比希 1837 年的著作《有机物分析》（*Anleitung zur Analyse Organischer Körper*）中用于测量有机物中碳、氢、氧含量的元素分析实验装置（本图是按照收藏于李比希博物馆中的装置照片绘制，CG 复原图见第 74 页）。在装置右侧的长玻璃管中，装有被测有机物和氧化铜的混合物。测试过程中，用铁盘中燃烧的煤炭对长玻璃管加热，管内的氧化铜将有机物氧化成二氧化碳和水蒸气。水蒸气被 U 形管中的氯化钙粉末收集，而二氧化碳被带有 5 个小球的玻璃容器中的氢氧化钾溶液收集。李比希将这个设计巧妙的玻璃装置称为“钾碱球”（Kaliapparat），并对实验中钾碱球内氢氧化钾溶液的液面位置进行了详细的说明（见第 51 页）。从水蒸气和二氧化碳可以分别确定有机物中的氢元素和碳元素的含量，而用被测物的总质量减去氢和碳的总质量，就是有机物中的氧元素的含量。与当时其他元素分析装置相比，李比希的装置具有小巧、便于使用、检测结果精确等优点，因此在很多化学实验室中迅速得到了普及，从而推动了分析化学和有机化学的发展。另外，美国化学会的图形标识中也可以找到钾碱球的身影，可见李比希元素分析装置的重要意义。

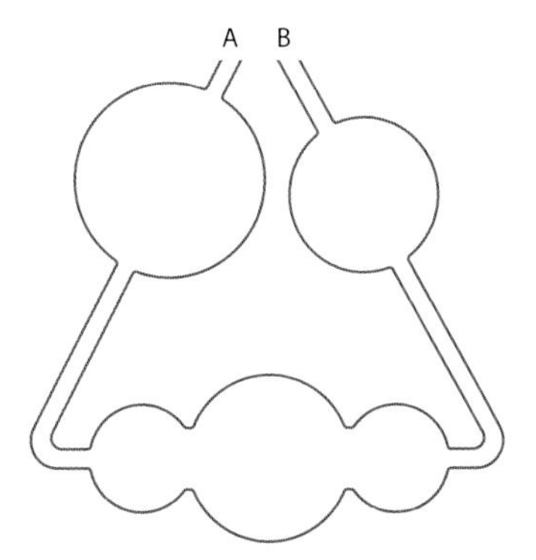

刚刚在钾碱球中加入氢氧化钾溶液。

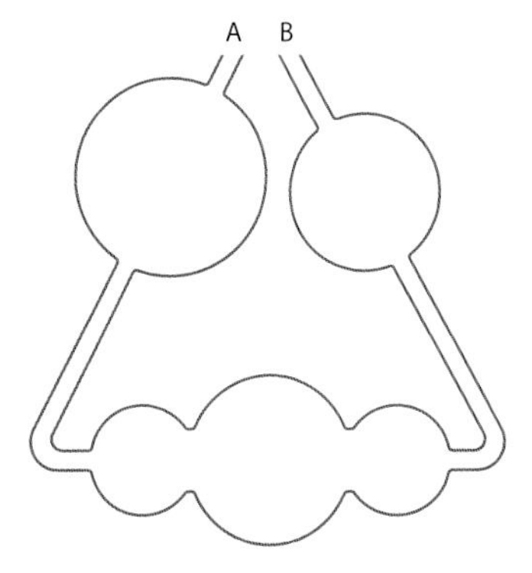

所有组件连接后，首先从 B 口抽气，导致溶液上升到大球中。如果一段时间内，大球中液面保持不变，说明仪器气密性完好。

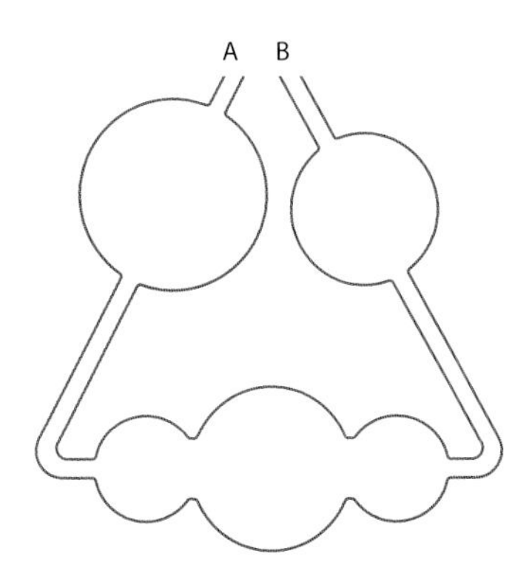

实验开始后，二氧化碳和水蒸气的吸收导致仪器中的气压降低，因此大球中的液面上升。

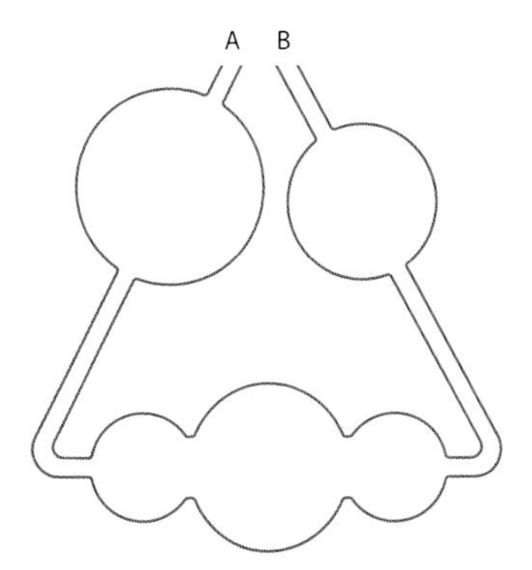

实验结束后，夹碎样品管的最末端导入空气。大球中的液面降低，一部分溶液被压入小球中。

古斯塔夫·基尔霍夫（Gustav Kirchhoff）
1824—1887

基尔霍夫

基尔霍夫于 1824 年 3 月 12 日生于德国柯尼斯堡（现俄罗斯加里宁格勒）。作为一名注重数学分析和苛求逻辑严谨性的物理学家，他在电学和分析化学等领域作出了突出贡献。基尔霍夫早期的研究工作集中在电学领域，研究电路和电流在导体中的传导。1854 年他来到海德堡大学任物理学教授。在这里他与本生（Robert Bunsen，1811—1899）于 1860 年前后共同创立了光谱学的基本研究方法和理论。1887 年 10 月 17 日，基尔霍夫在德国柏林去世，享年 63 岁。基尔霍夫对科学的贡献总结如下：

- 在电学领域，提出基尔霍夫定律，成为分析复杂电路的基础。
- 在分析化学领域，与本生共同建立了光谱元素分析法，发现铯和铷两种新元素。
- 在光谱物理学方面，提出了光谱发射和吸收的基本定律（也称为基尔霍夫定律），并应用该定律确定了太阳中含有的元素，为研究天体的元素组成奠定了基础。
- 提出了“黑体”这一物理概念。随后普朗克对黑体辐射的研究揭开了量子物理的序幕。

上图展示的是基尔霍夫和本生 1860 年的论文《光谱化学分析》（*Chemical Analysis by Spectrum-Observations*）中的光谱分析实验装置（按原始插图重绘，CG 复原图见第 75 页）。人们当时知道，一些物质在火焰上加热时会发出不同于火焰颜色的光。在上图的装置中，基尔霍夫和本生使用了本生灯加热被测物，主要因为本生灯可以产生极高的温度，而且火焰本身的亮度很低，这样就可以使被测物本身发出的光更为明显。物质受热发出的光经过一个望远镜投射到一个棱镜上（棱镜中空，内部装有特定折射率的液体）。棱镜被放置于一个可以旋转的底座上。通过缓慢旋转棱镜，就可以在另外一个望远镜中观测到一条条孤立的具有特定颜色的亮线，也就是我们现在所说的光谱。基尔霍夫和本生发现，锂元素、钠元素、钾元素等都具有特定的光谱（见第 55 页）。只需要极少量的样品，就可以检测出被测物中是否含有某一种元素。这在当时的化学分析方法中，是一个巨大的进步。另外通过光谱仪，基尔霍夫和本生发现了两种新的碱金属元素——铯和铷。从此，光谱分析成了发现新元素和化学物质痕量检测的重要手段。

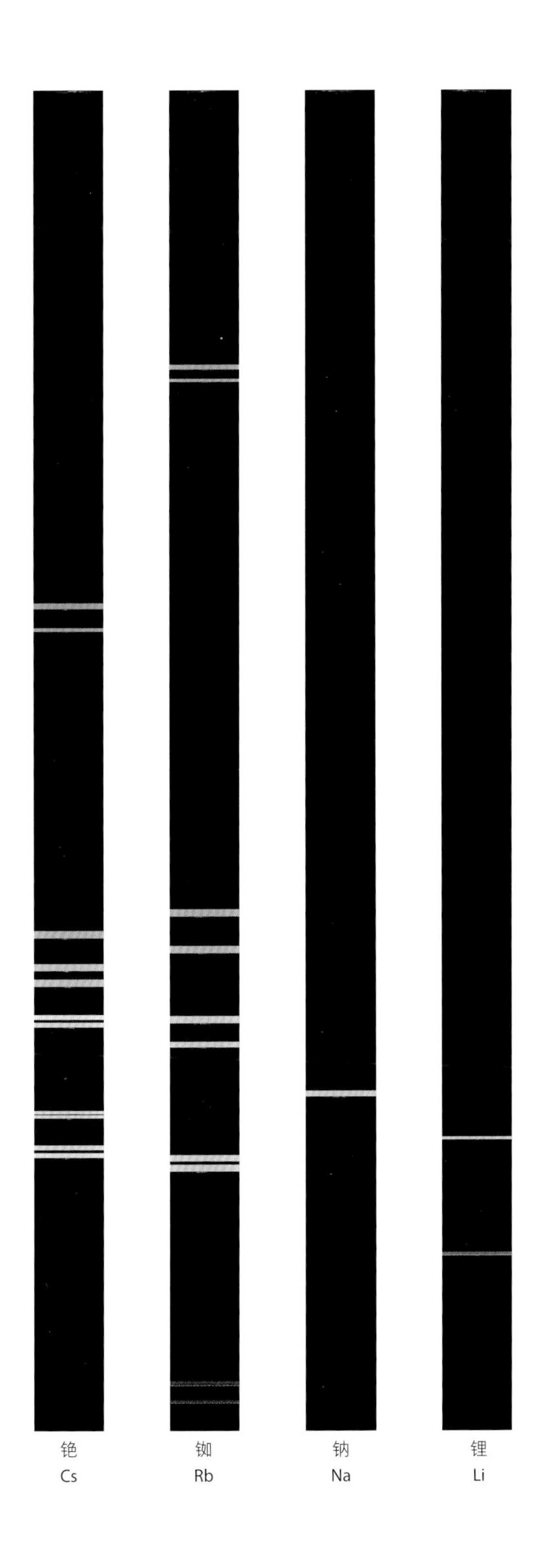

按照基尔霍夫原始实验数据绘制的铯、铷、钠、锂四种元素的光谱。其中铯和铷是应用光谱仪发现的新元素。

欣　赏

历史上的化学仪器

真空泵

波义耳

1660

氢氧混合爆炸装置

卡文迪许

1784

蜡烛燃烧实验装置

梅奥

1674

动物呼吸实验装置
梅奥
1674

研究物质发酵产生气体的装置

黑尔斯

1727

氧气制备装置

舍勒

1777

气体实验装置

普利斯特里

1774

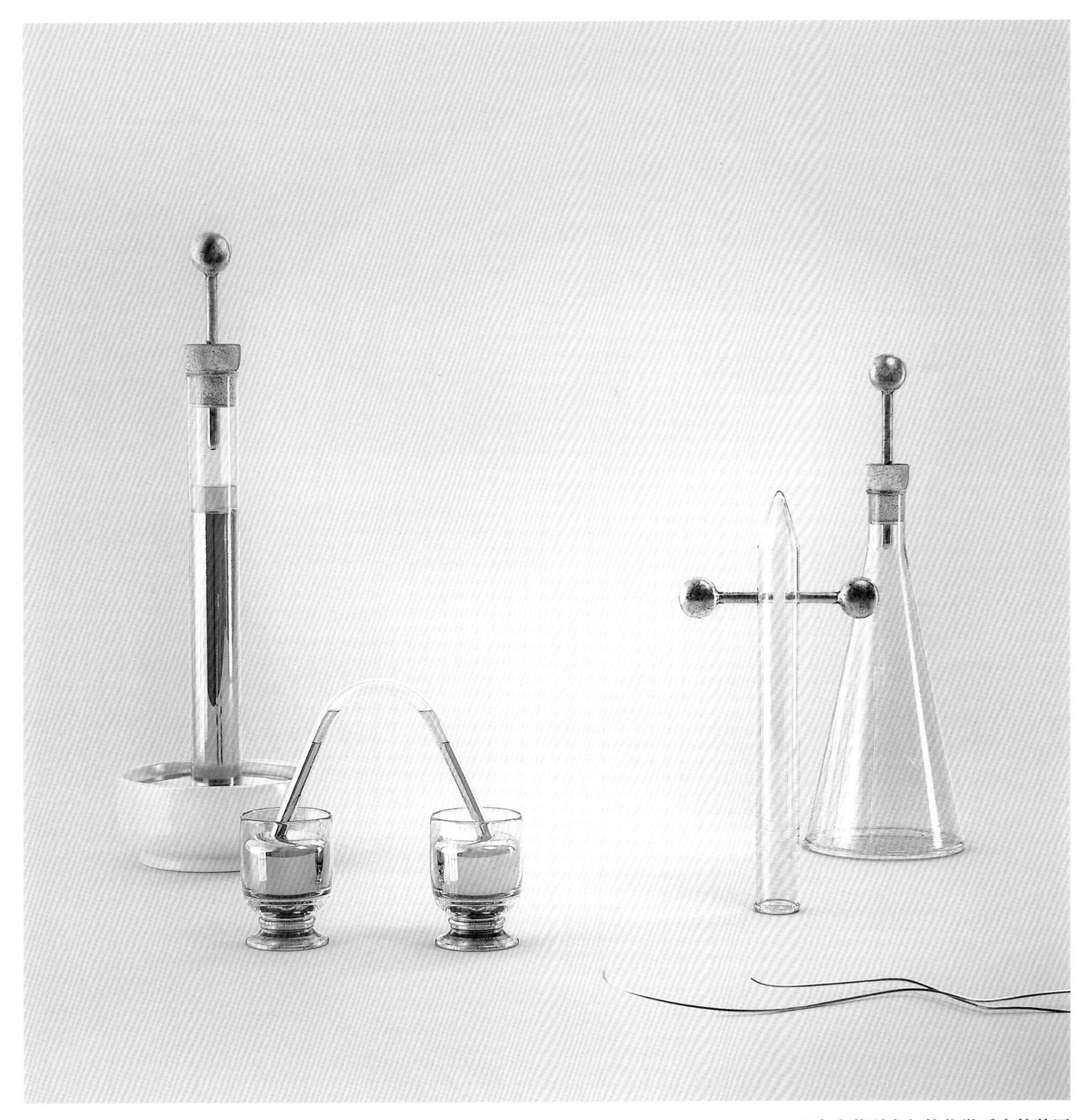

用电火花引发气体化学反应的装置

普利斯特里

1774

汞氧化实验装置

拉瓦锡

1789

红磷燃烧实验装置
拉瓦锡
1789

研究物质发酵产生气体的装置

拉瓦锡

1789

伏打电堆
伏特
1800

第一盏安全灯（左）和改良后的安全灯（右）

戴维

1816

有机物元素分析装置

李比希

1837

光谱仪

基尔霍夫

1860

金属置换反应

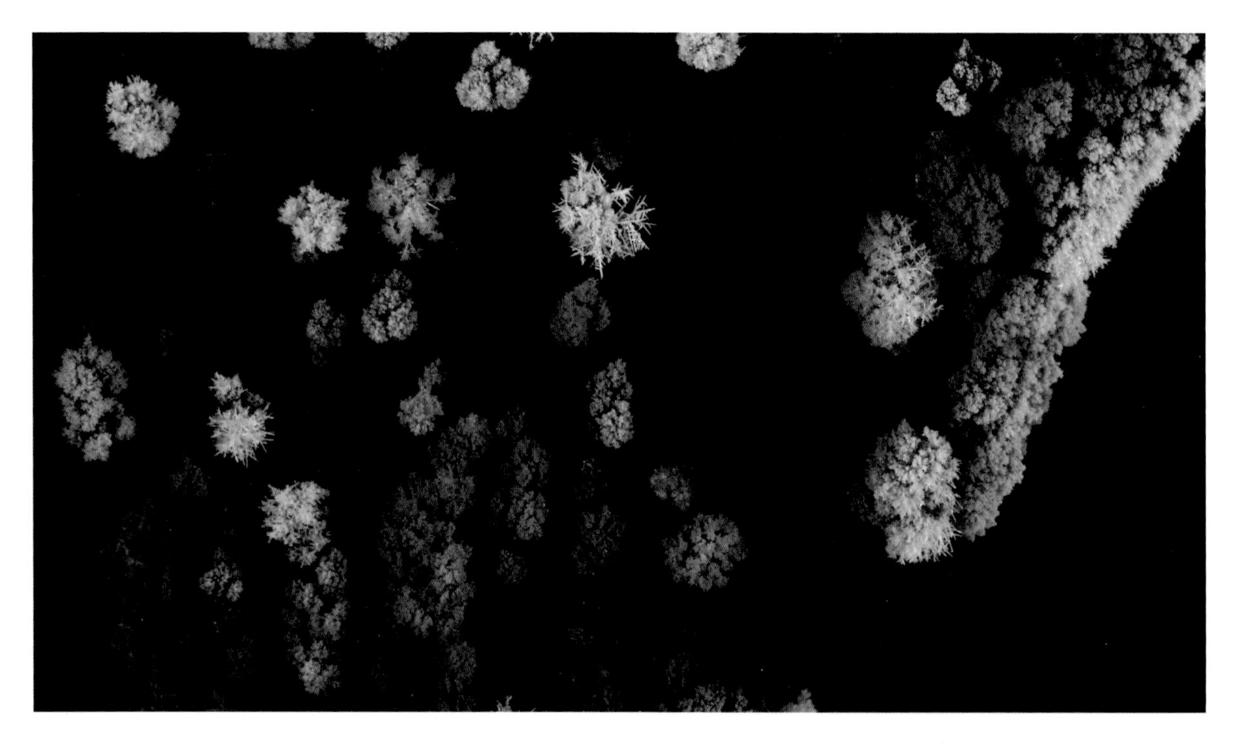

金属锌在硝酸银溶液中置换出金属银

$$Zn + 2AgNO_3 \longrightarrow 2Ag + Zn(NO_3)_2$$

金属锌在硝酸银溶液中置换出金属银

$$Zn + 2AgNO_3 \longrightarrow 2Ag + Zn(NO_3)_2$$

金属锌在硫酸铜溶液中置换出金属铜

$Zn + CuSO_4 \longrightarrow Cu + ZnSO_4$

金属锌在硫酸铜溶液中置换出金属铜

$Zn + CuSO_4 \longrightarrow Cu + ZnSO_4$

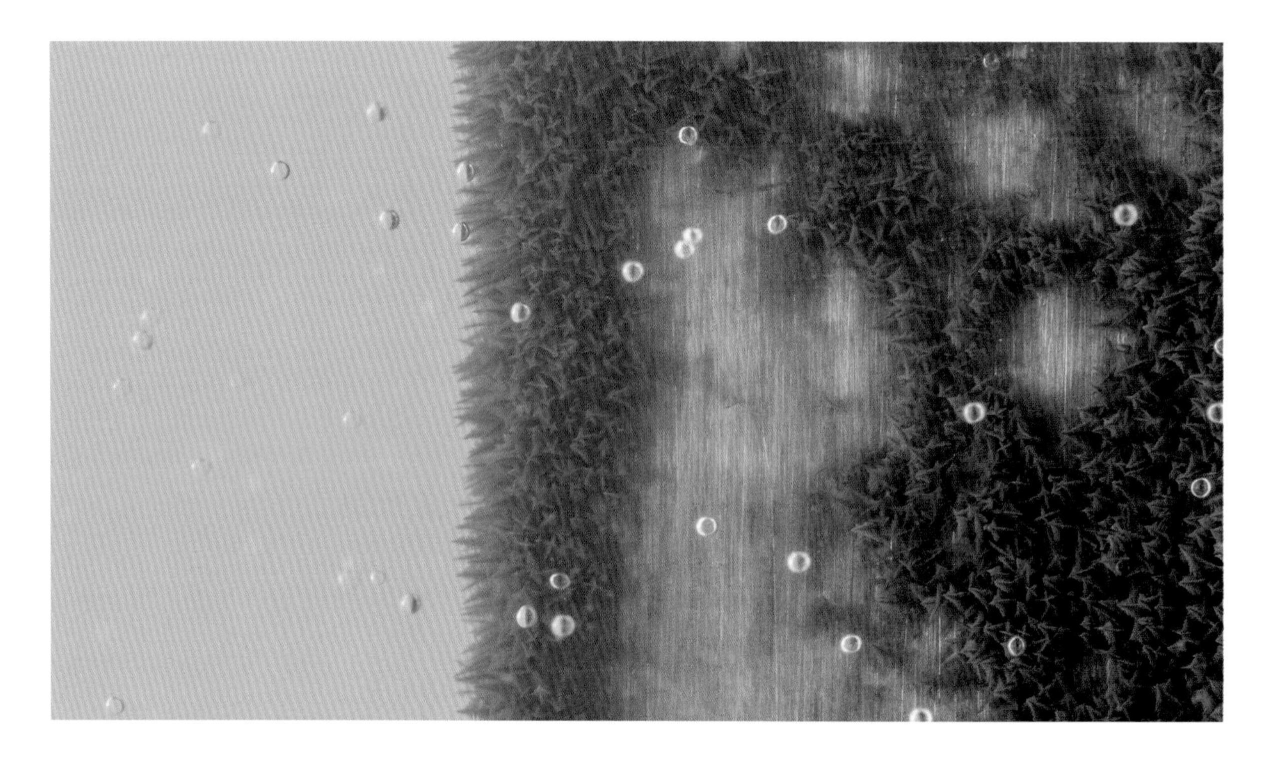

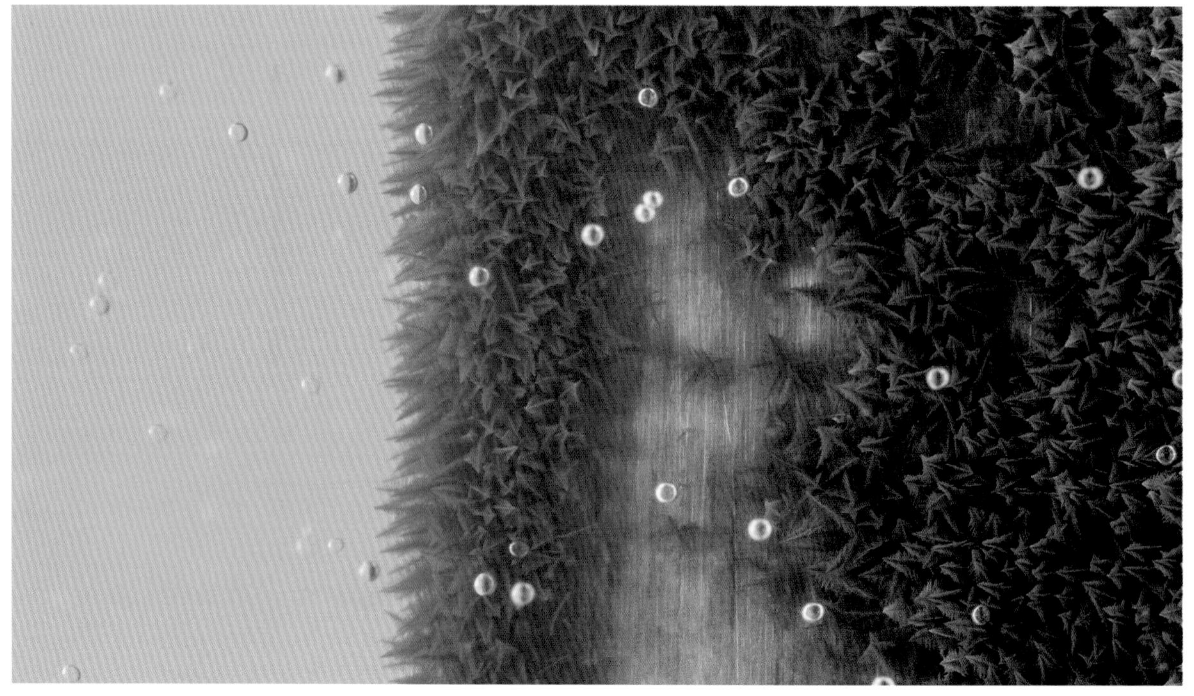

金属锌在含有硝酸铅的凝胶中置换出金属铅

$Zn + Pb(NO_3)_2 \longrightarrow Pb + Zn(NO_3)_2$

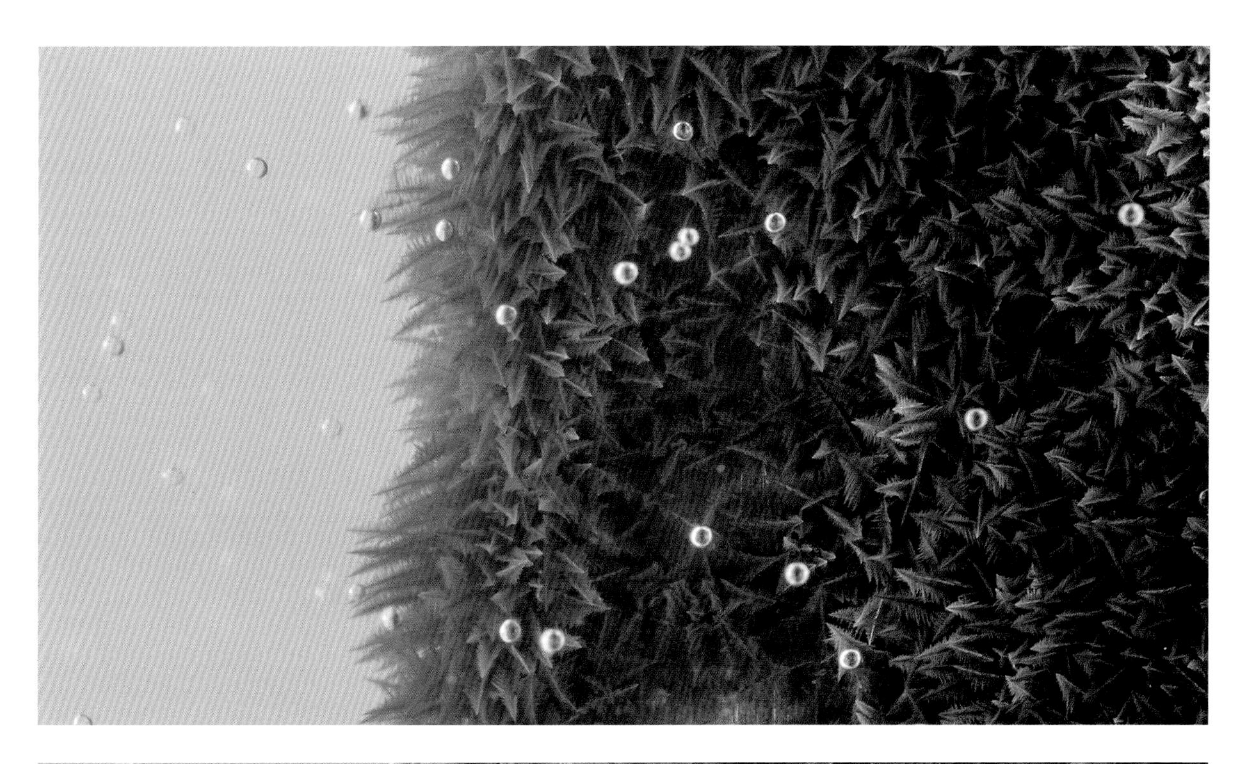

金属锌在含有硝酸铅的凝胶中置换出金属铅

$Zn + Pb(NO_3)_2 \longrightarrow Pb + Zn(NO_3)_2$

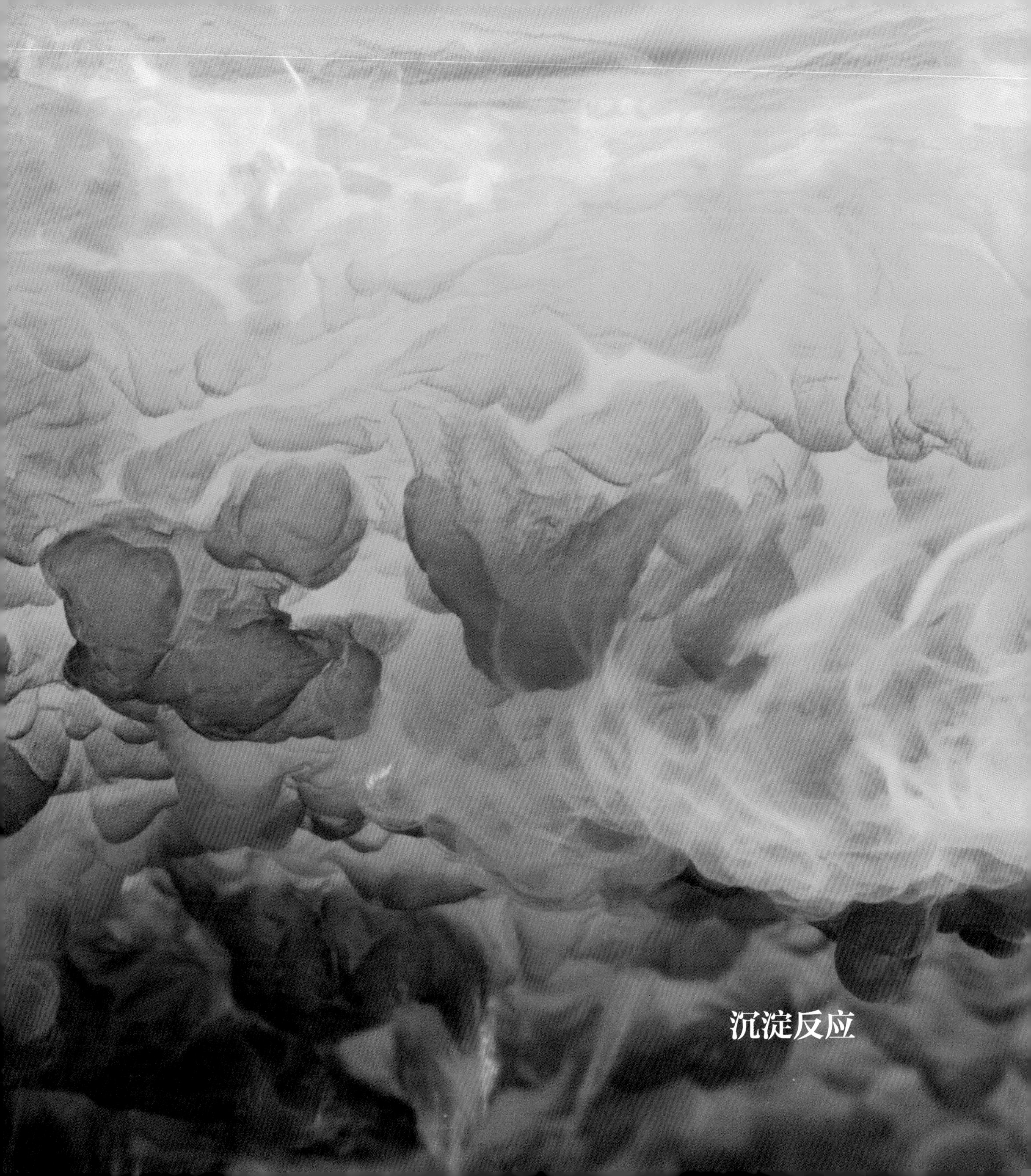

沉淀反应

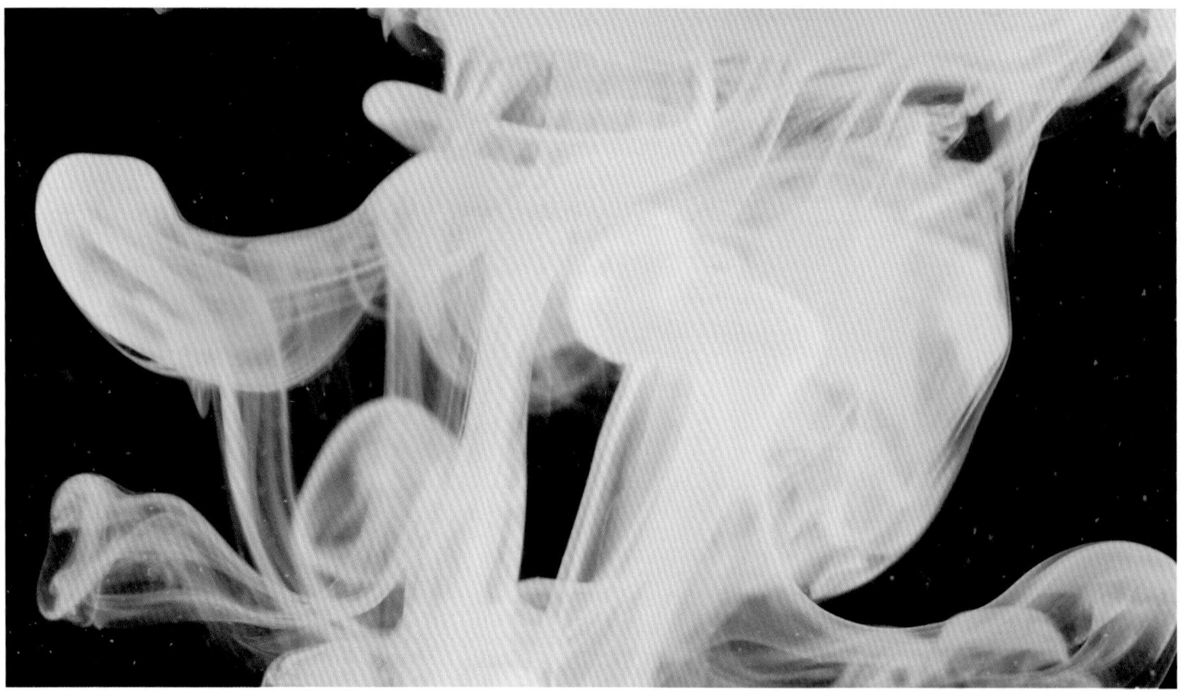

将硝酸银溶液滴入氯化钠溶液，产生白色的氯化银沉淀

$AgNO_3 + NaCl \longrightarrow AgCl\downarrow + NaNO_3$

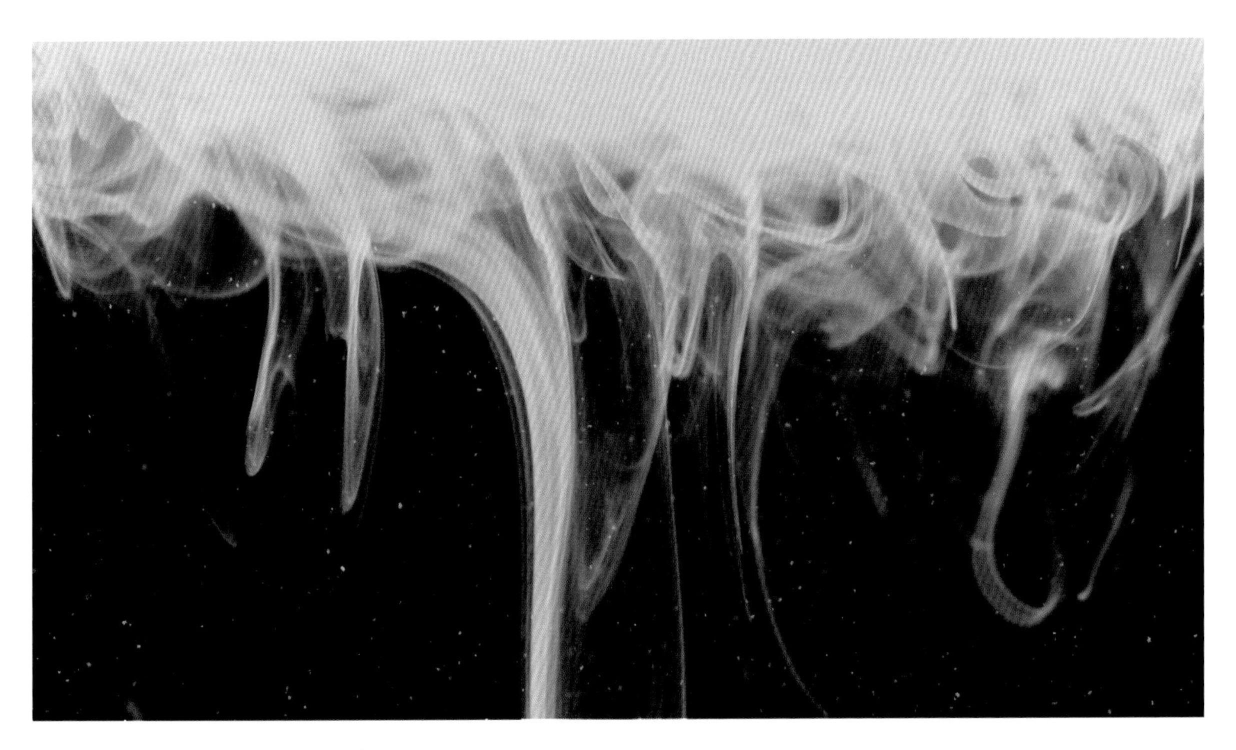

将硝酸银溶液滴入氯化钠溶液，产生白色的氯化银沉淀

$AgNO_3 + NaCl \longrightarrow AgCl\downarrow + NaNO_3$

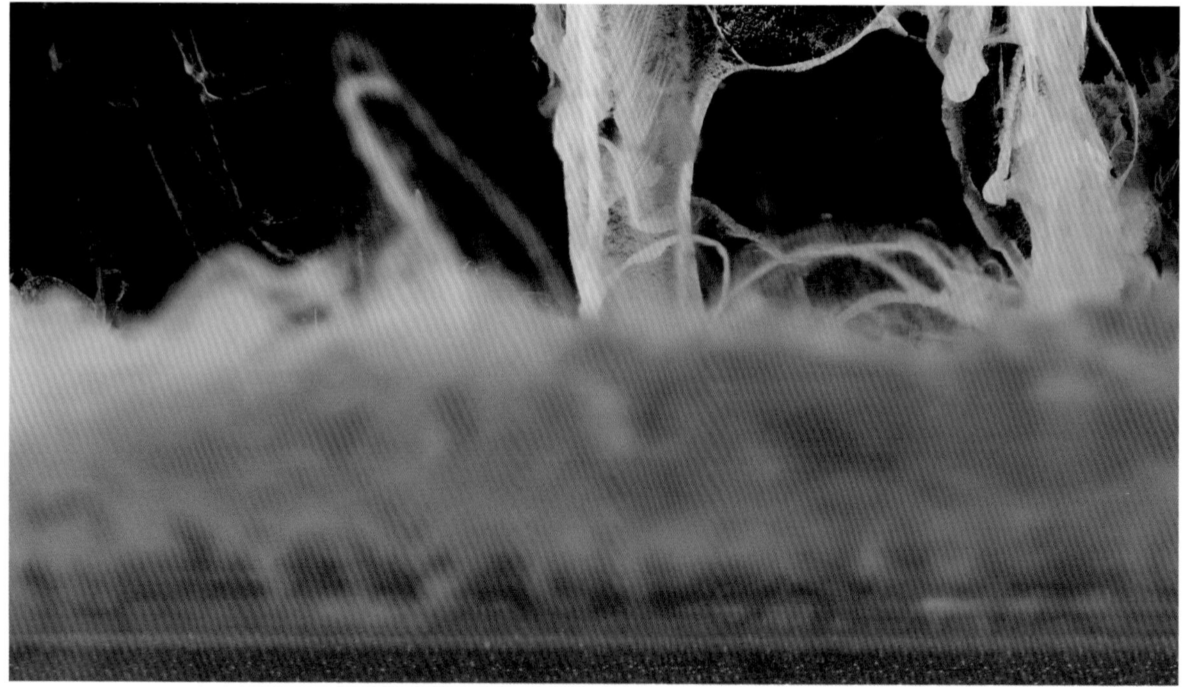

将硝酸银溶液滴入硫代硫酸钠溶液，产生黄色的硫代硫酸银沉淀

$$2AgNO_3 + Na_2S_2O_3 \longrightarrow Ag_2S_2O_3\downarrow + 2NaNO_3$$

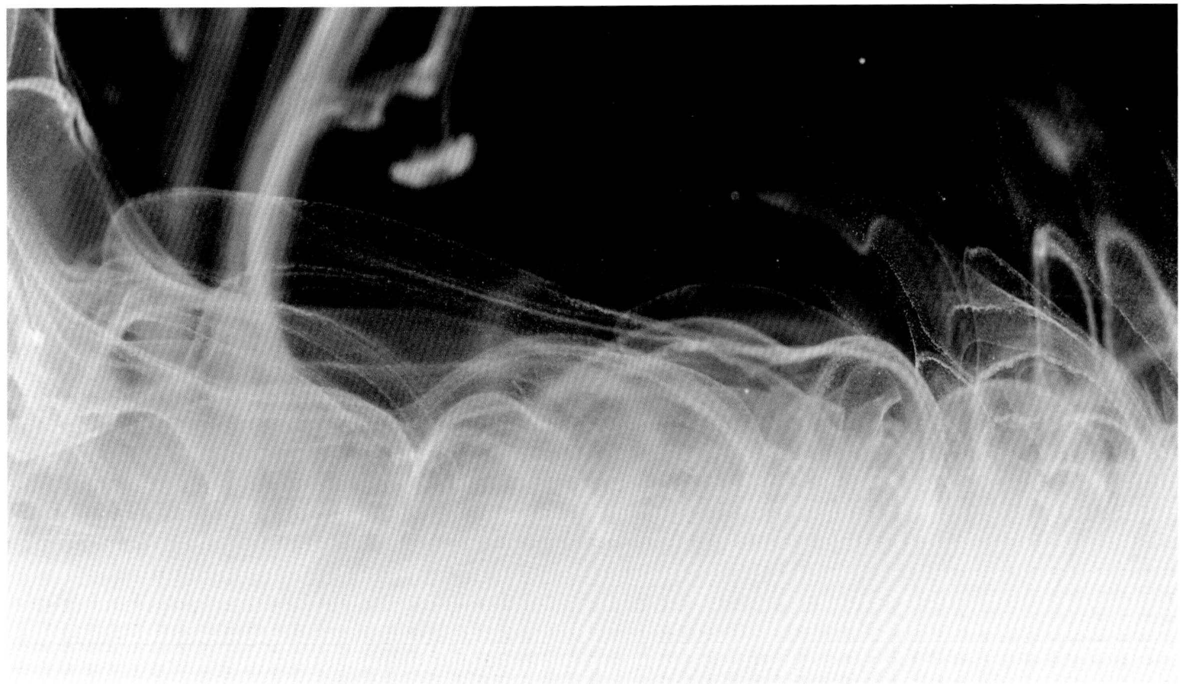

将氯化钡溶液滴入硫酸钾溶液，产生白色的硫酸钡沉淀

$BaCl_2 + K_2SO_4 \longrightarrow BaSO_4\downarrow + 2KCl$

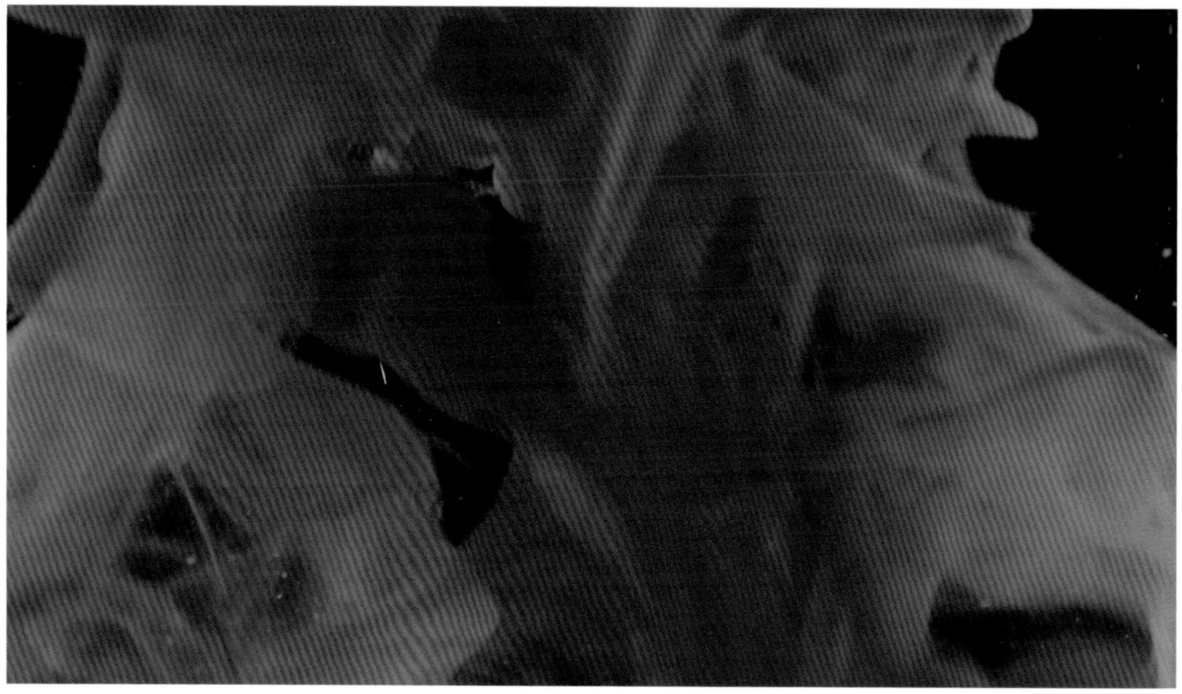

将硝酸银溶液滴入铬酸钾溶液，产生红色的铬酸银沉淀

$$2AgNO_3 + K_2CrO_4 \longrightarrow Ag_2CrO_4\downarrow + 2KNO_3$$

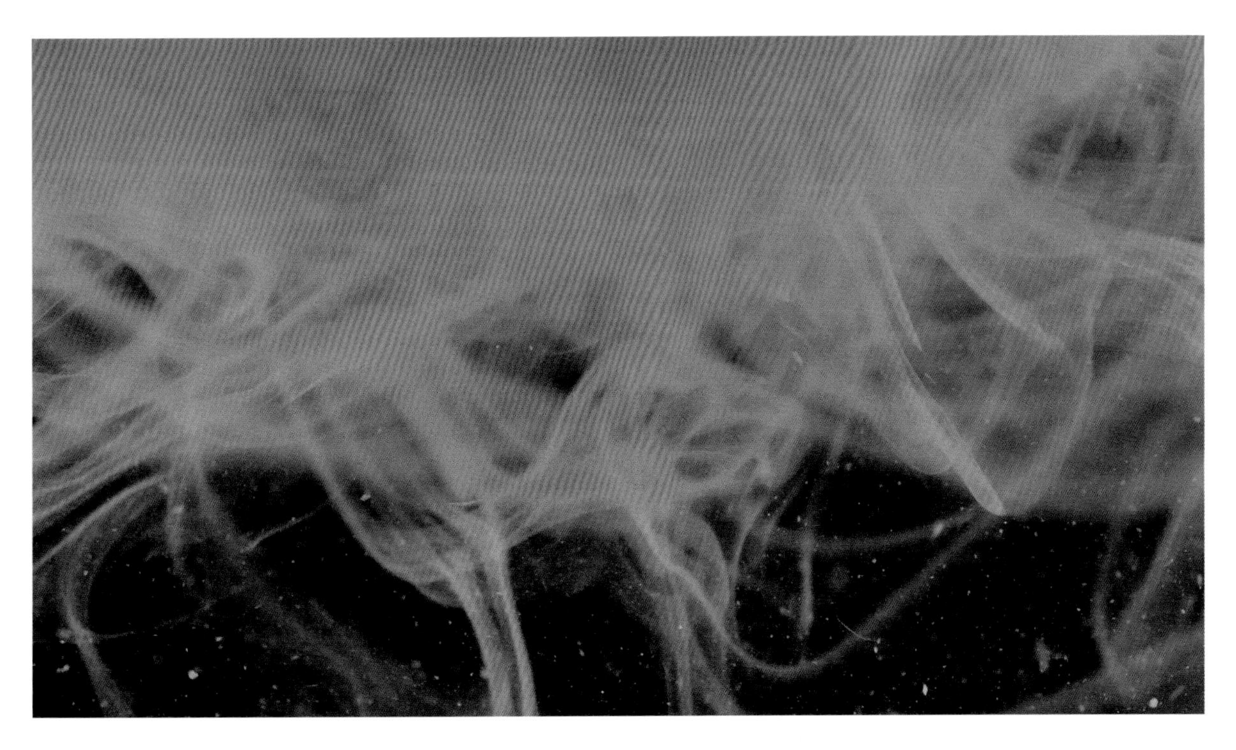

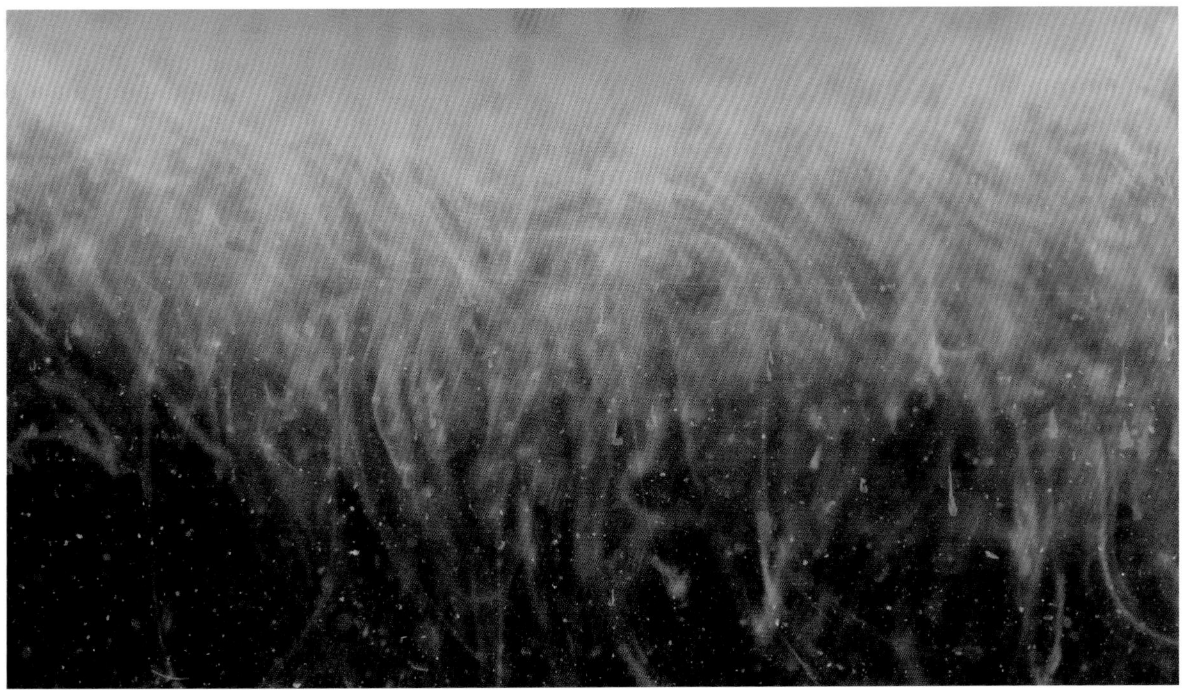

将硝酸银溶液滴入铬酸钾溶液，产生红色的铬酸银沉淀

$2AgNO_3 + K_2CrO_4 \longrightarrow Ag_2CrO_4\downarrow + 2KNO_3$

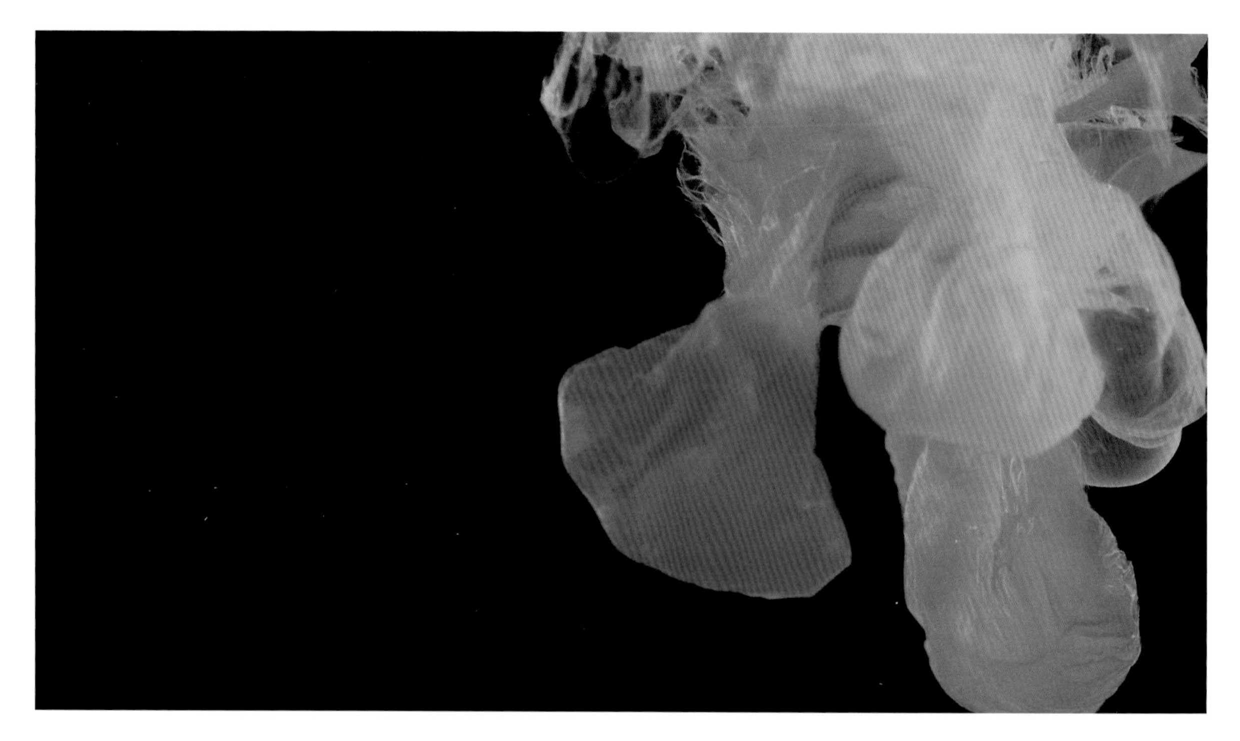

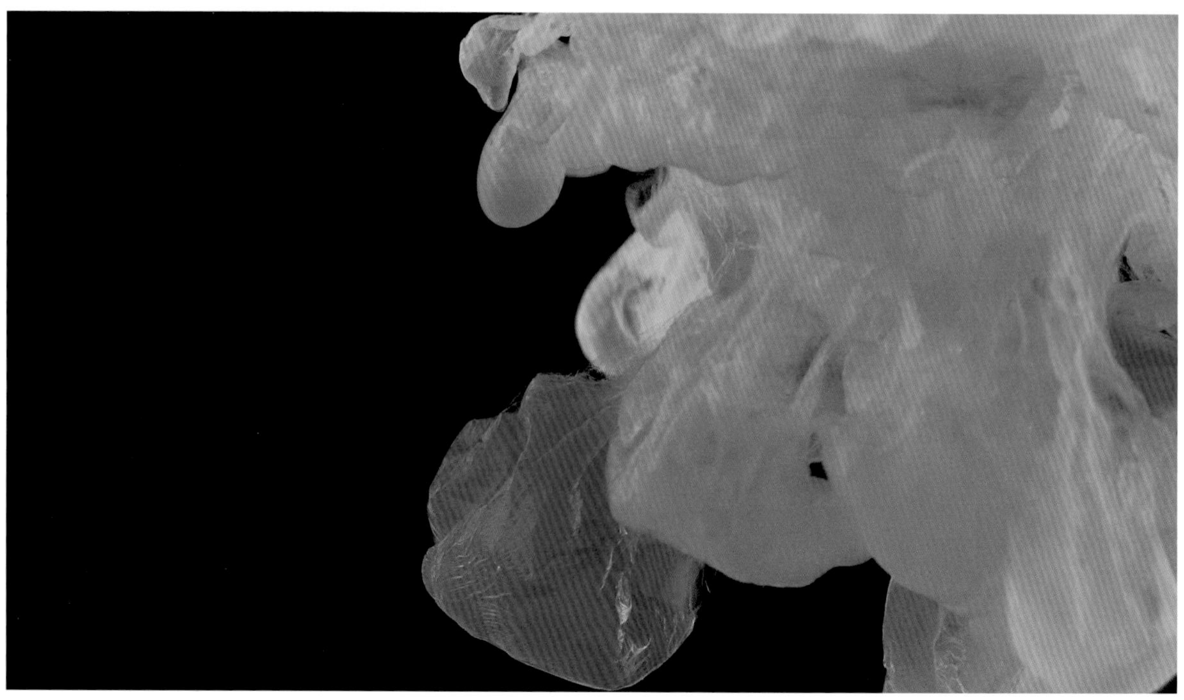

将硫酸铜溶液滴入氢氧化钠溶液，产生蓝色的碱式硫酸铜沉淀

$$2CuSO_4 + 2NaOH \longrightarrow Cu_2(OH)_2SO_4\downarrow + Na_2SO_4$$

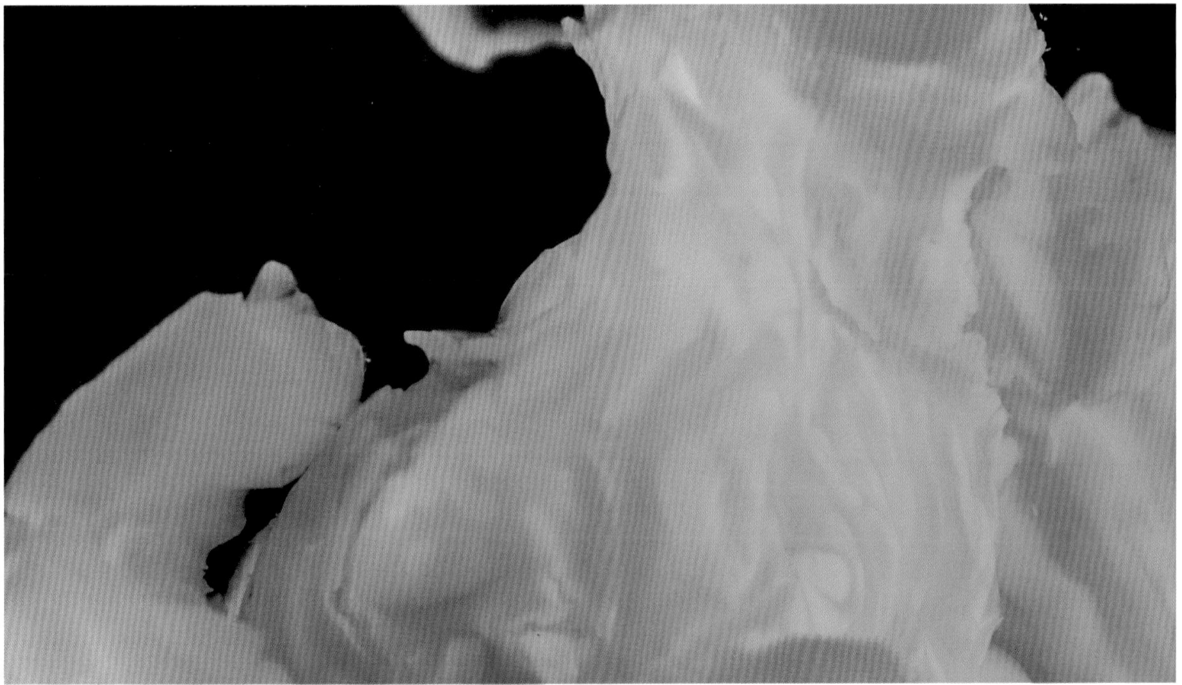

【上】将硝酸铬溶液滴入硫化钠溶液，产生黄色的硫化铬沉淀；【下】将硫酸镍溶液滴入氢氧化钠溶液，产生绿色的氢氧化镍沉淀

【上】$2Cr(NO_3)_3 + 3Na_2S \longrightarrow Cr_2S_3\downarrow + 6NaNO_3$；【下】$NiSO_4 + 2NaOH \longrightarrow Ni(OH)_2\downarrow + Na_2SO_4$

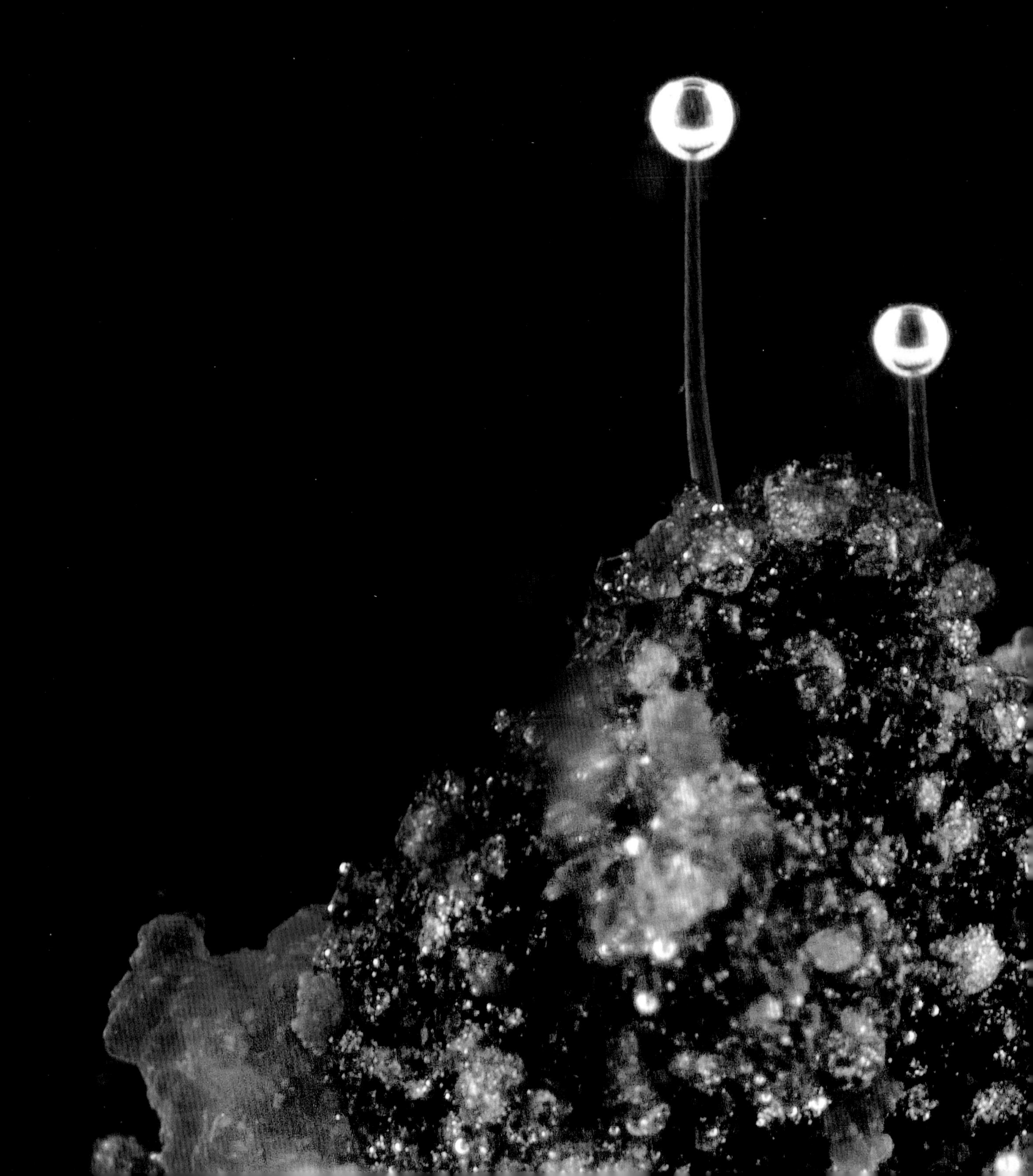

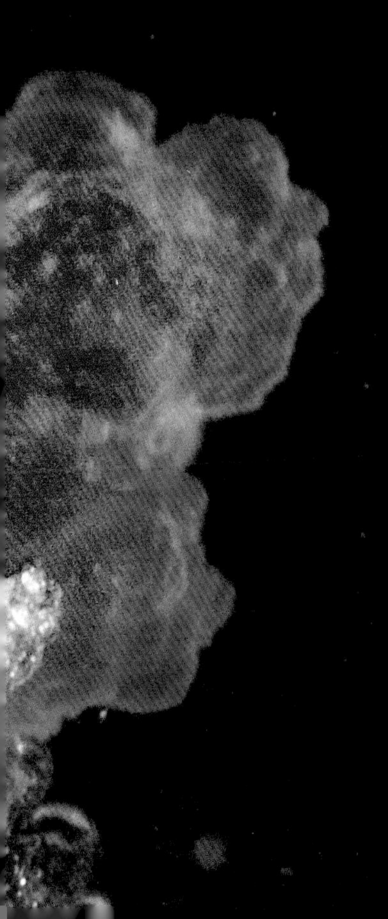

化学花园

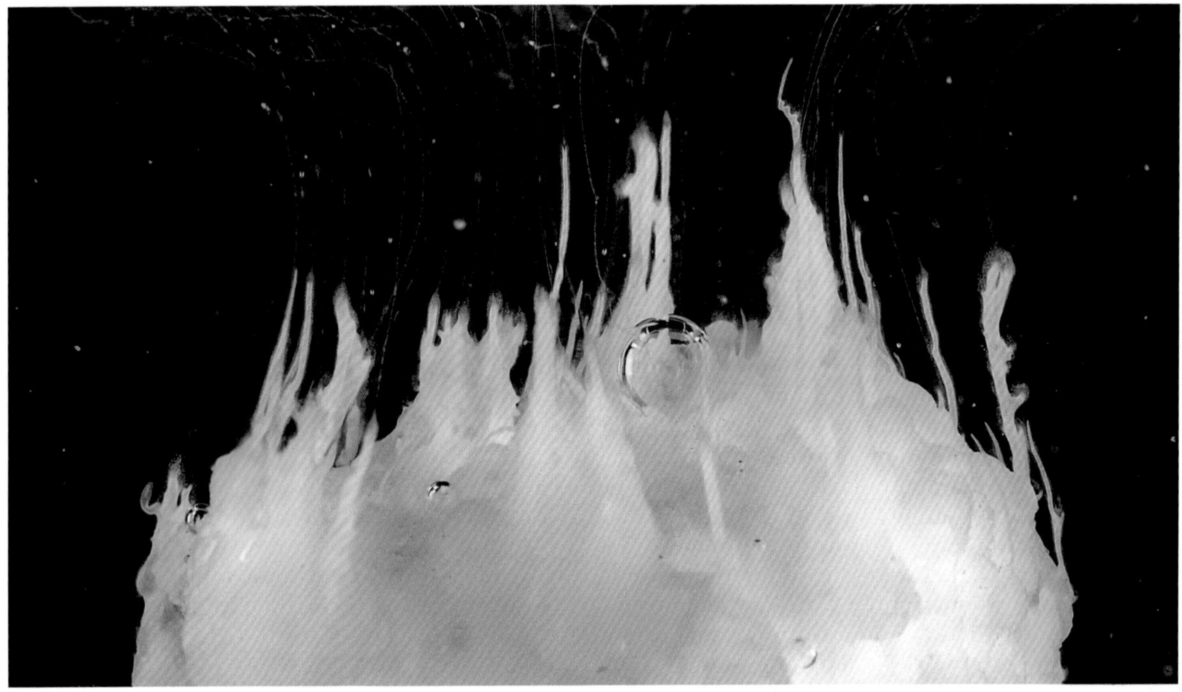

硅酸钠溶液中的氯化钙固体

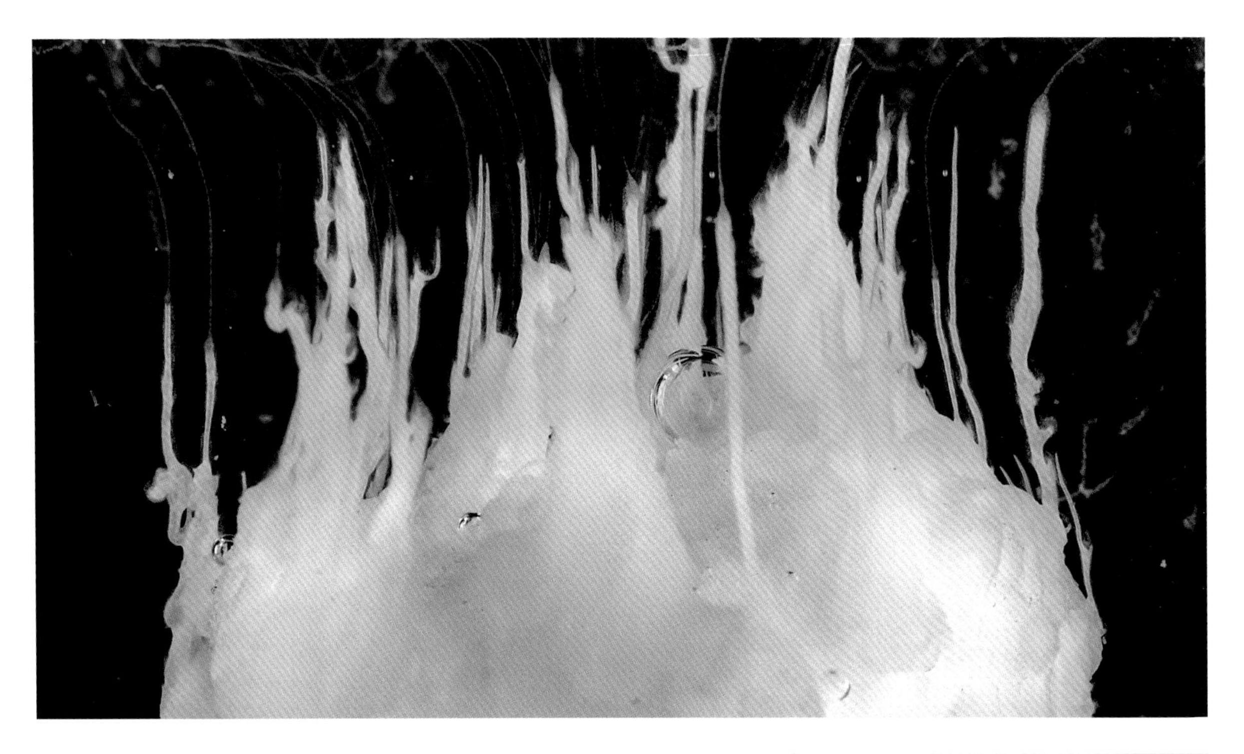

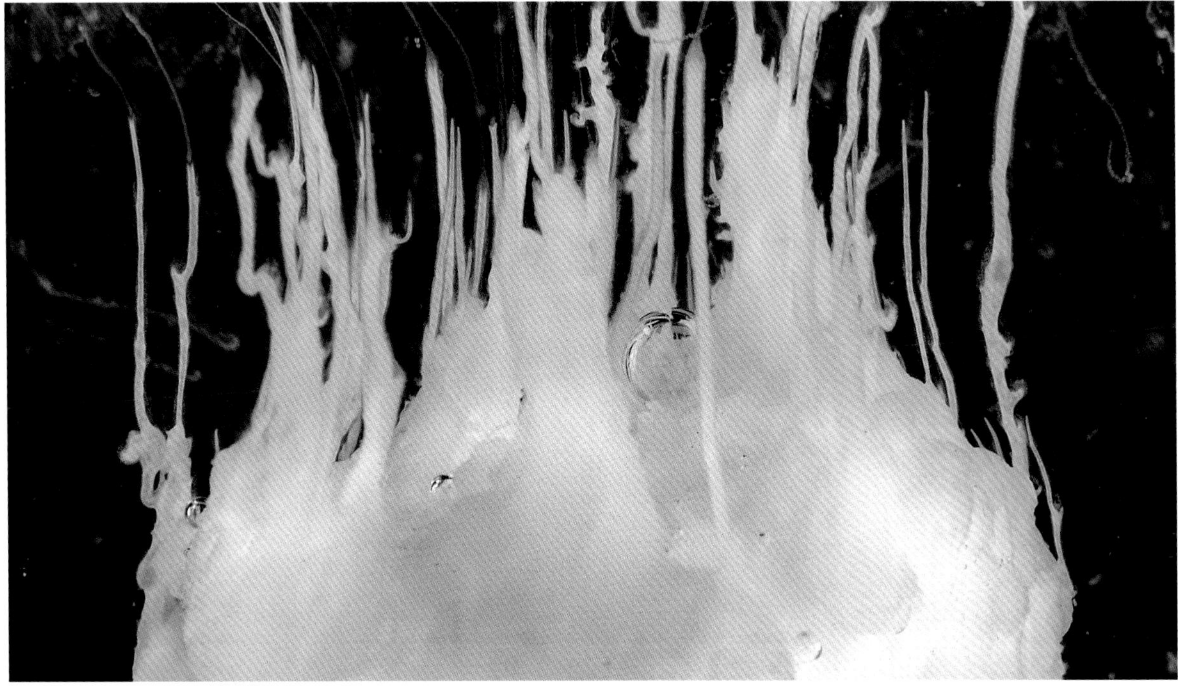

硅酸钠溶液中的氯化钙固体

硅酸钠溶液中的氯化钴固体

硅酸钠溶液中的氯化钴固体

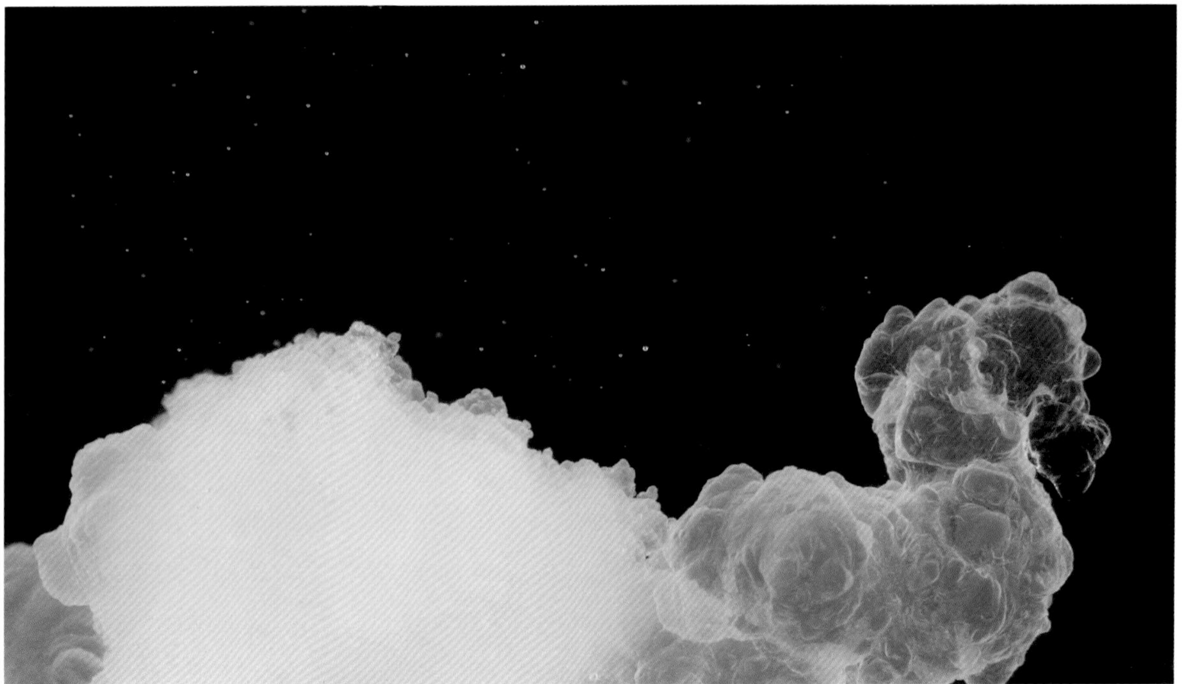

硅酸钠溶液中的硫酸锌固体

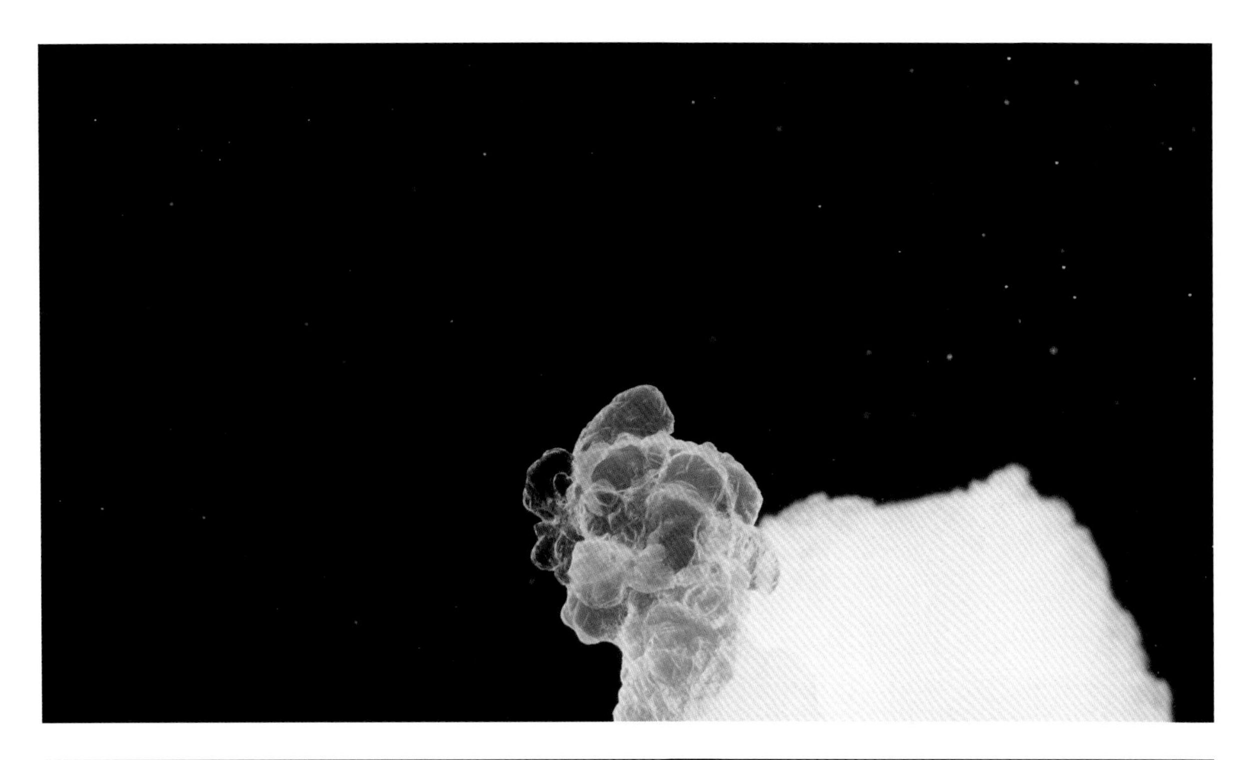

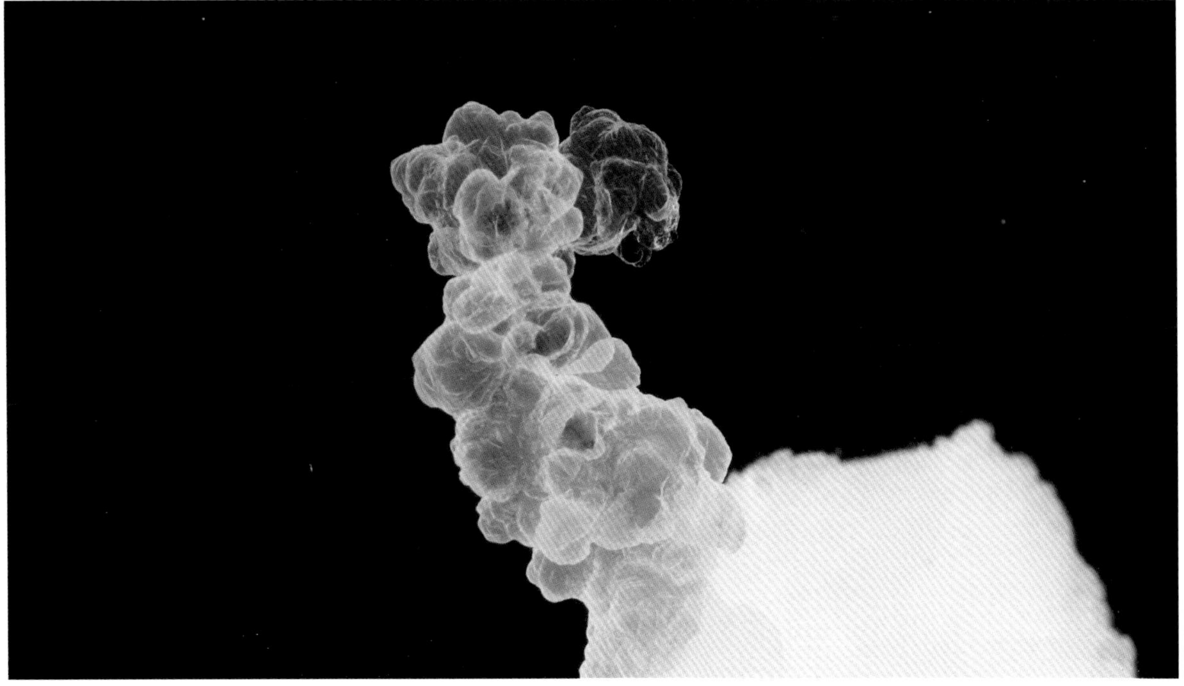

硅酸钠溶液中的硫酸锌固体

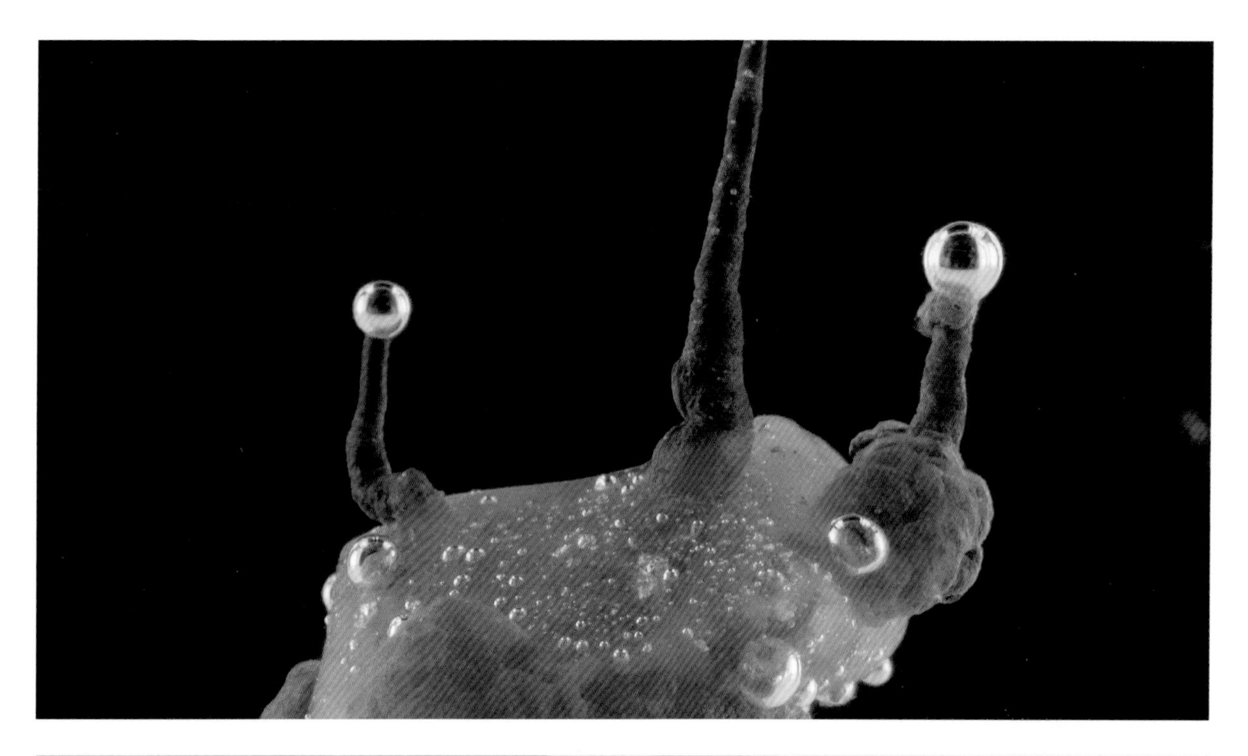

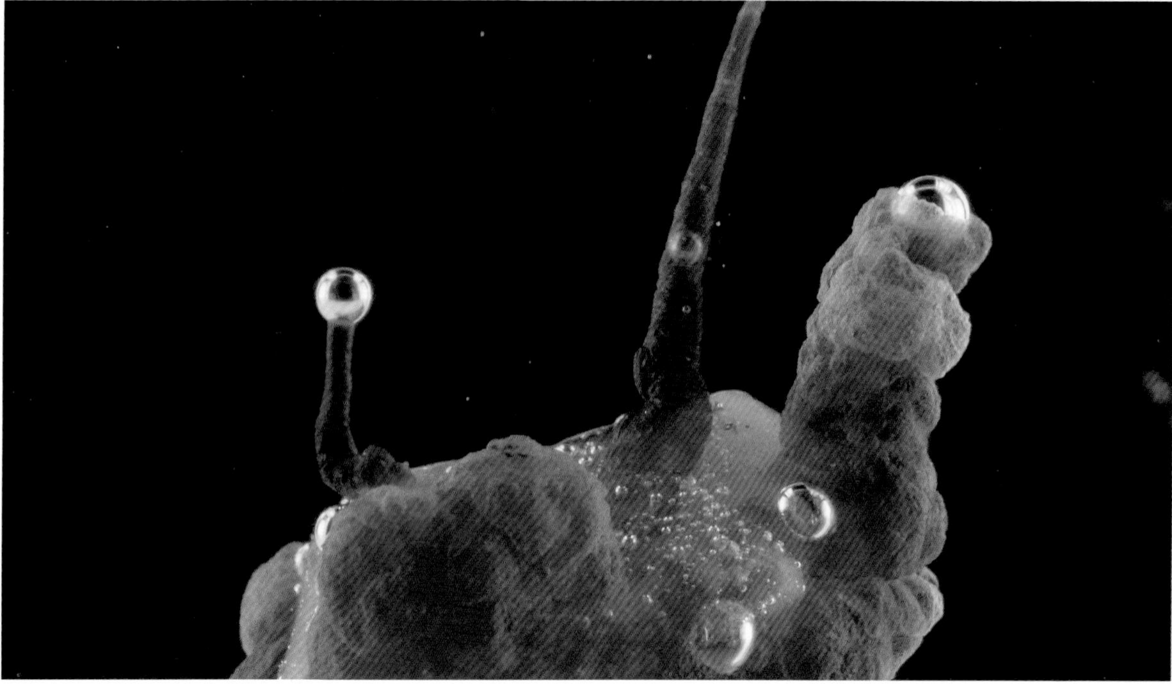

硅酸钠溶液中的氯化铁固体

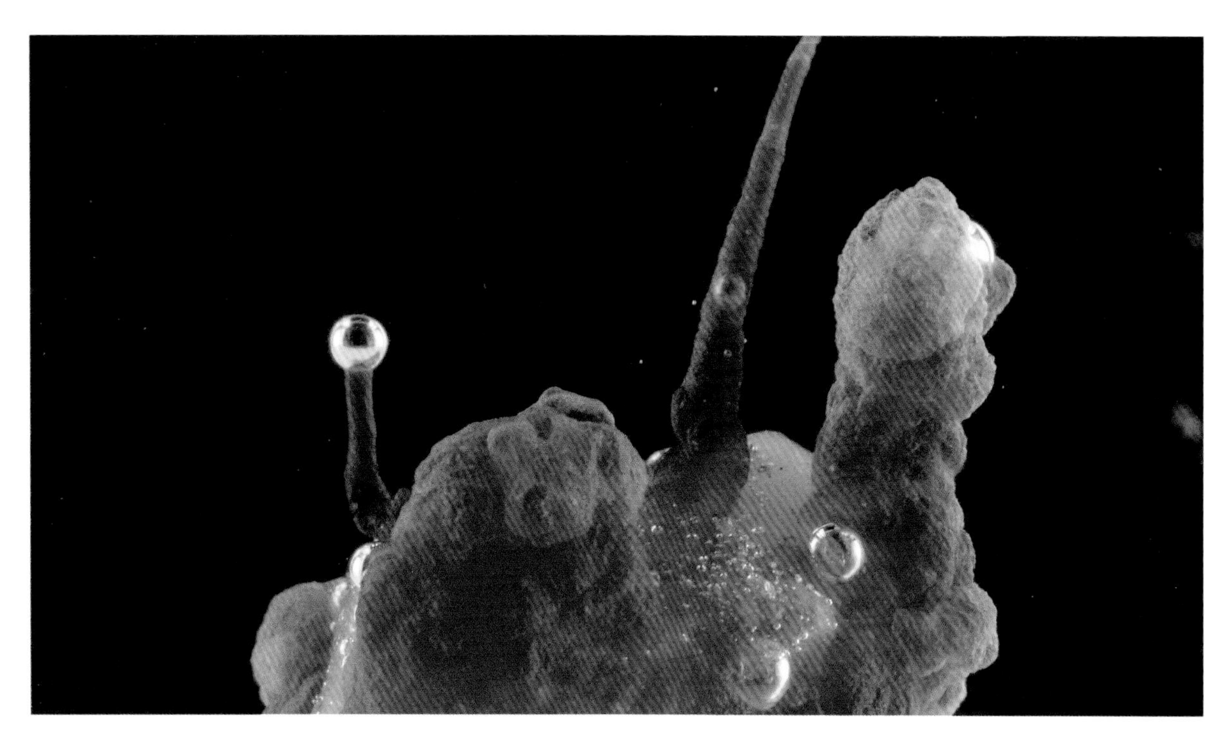

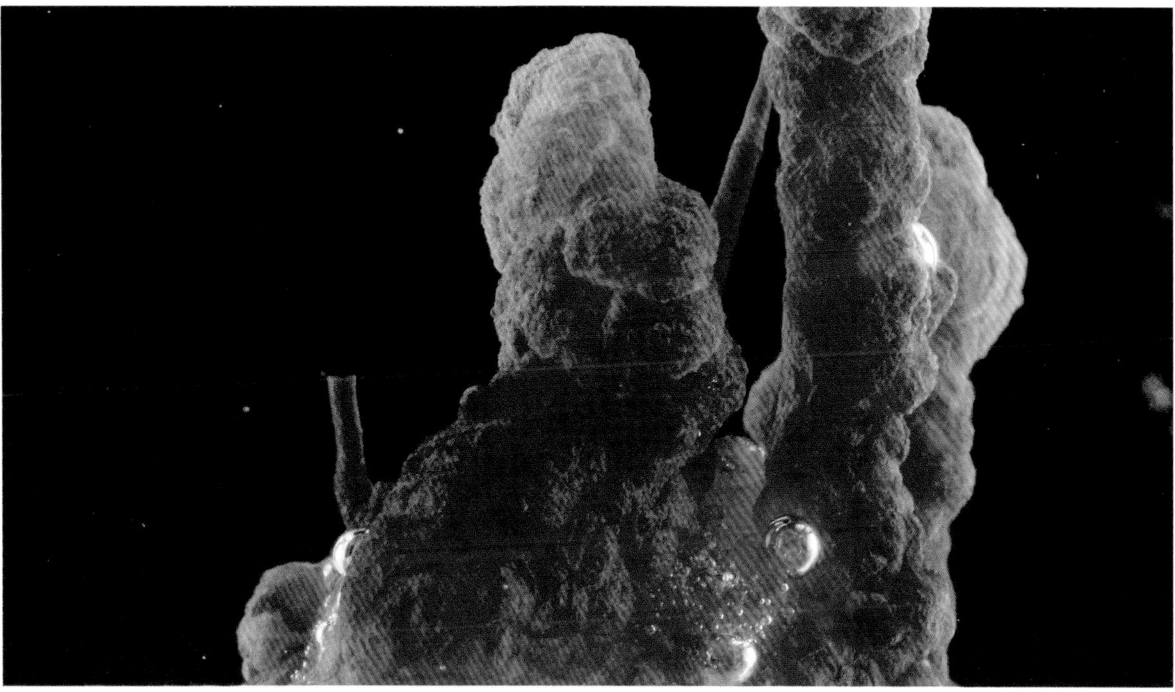

硅酸钠溶液中的氯化铁固体

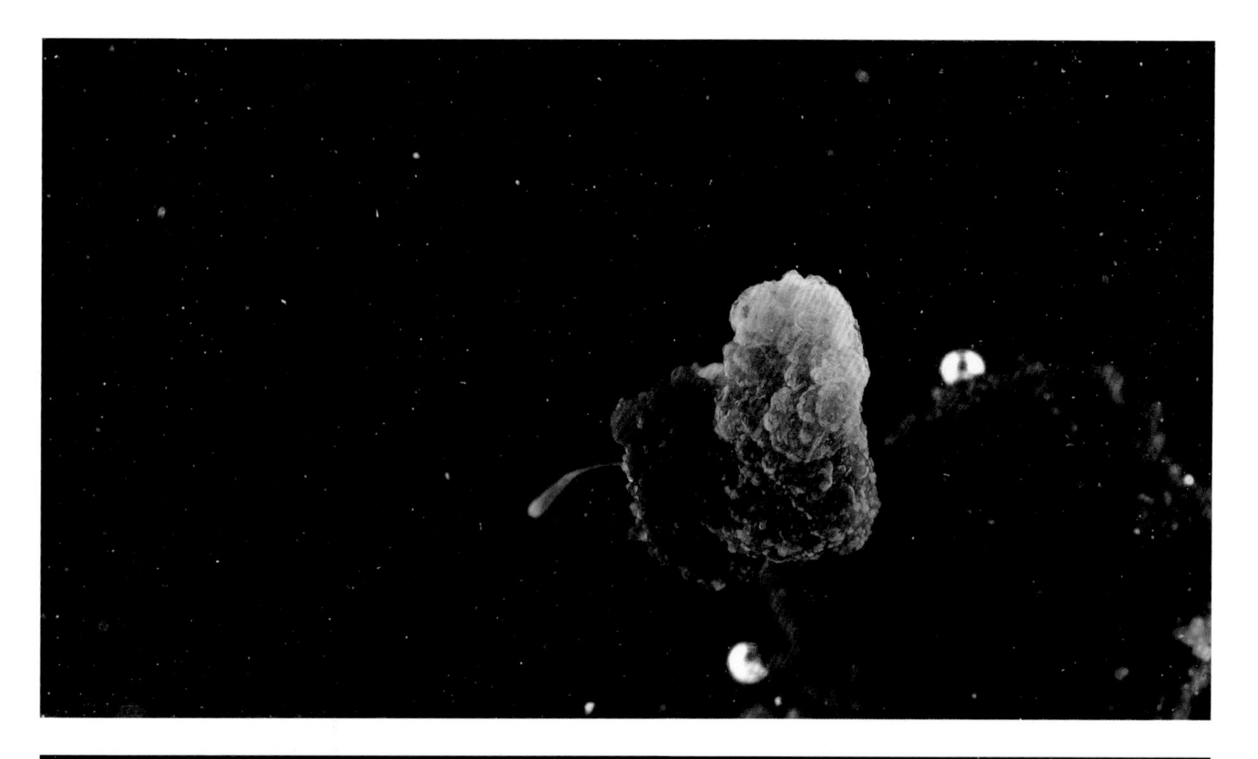

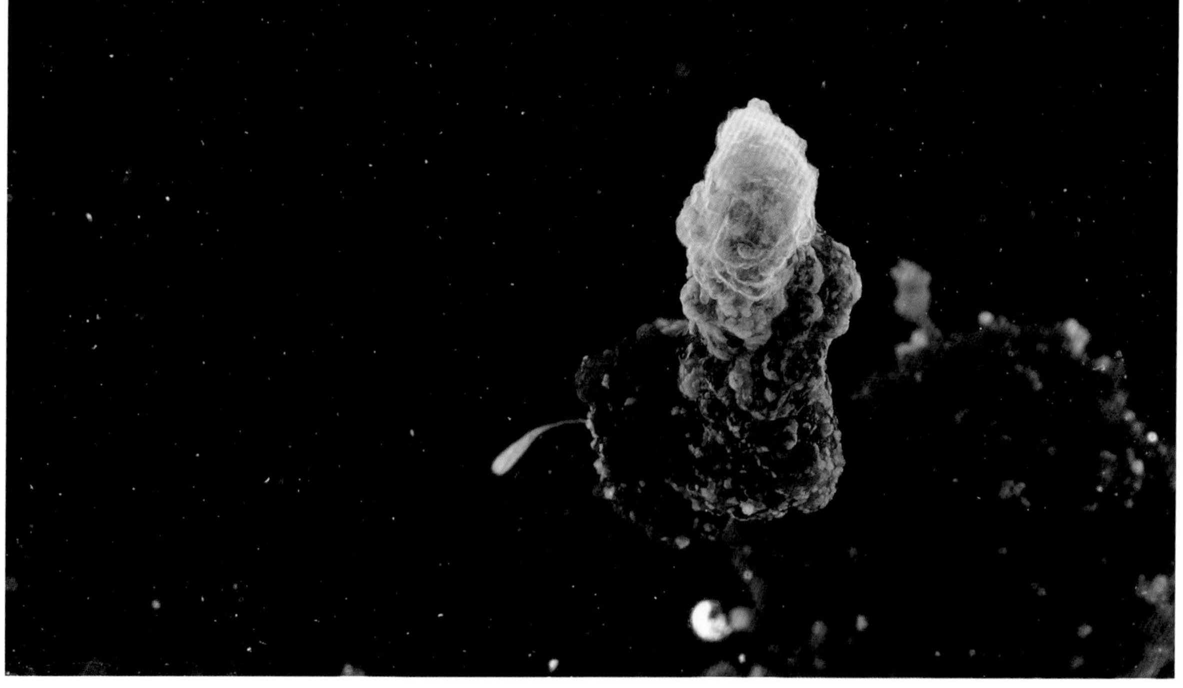

硅酸钠溶液中的硫酸钴固体

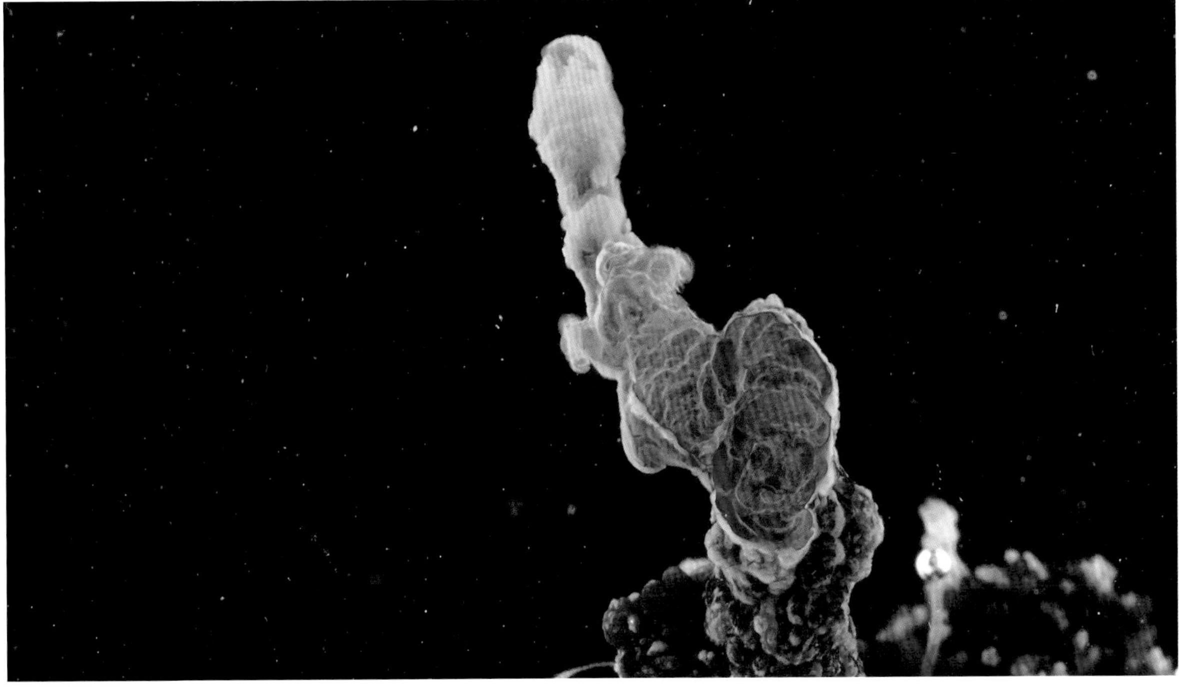

硅酸钠溶液中的硫酸钴固体

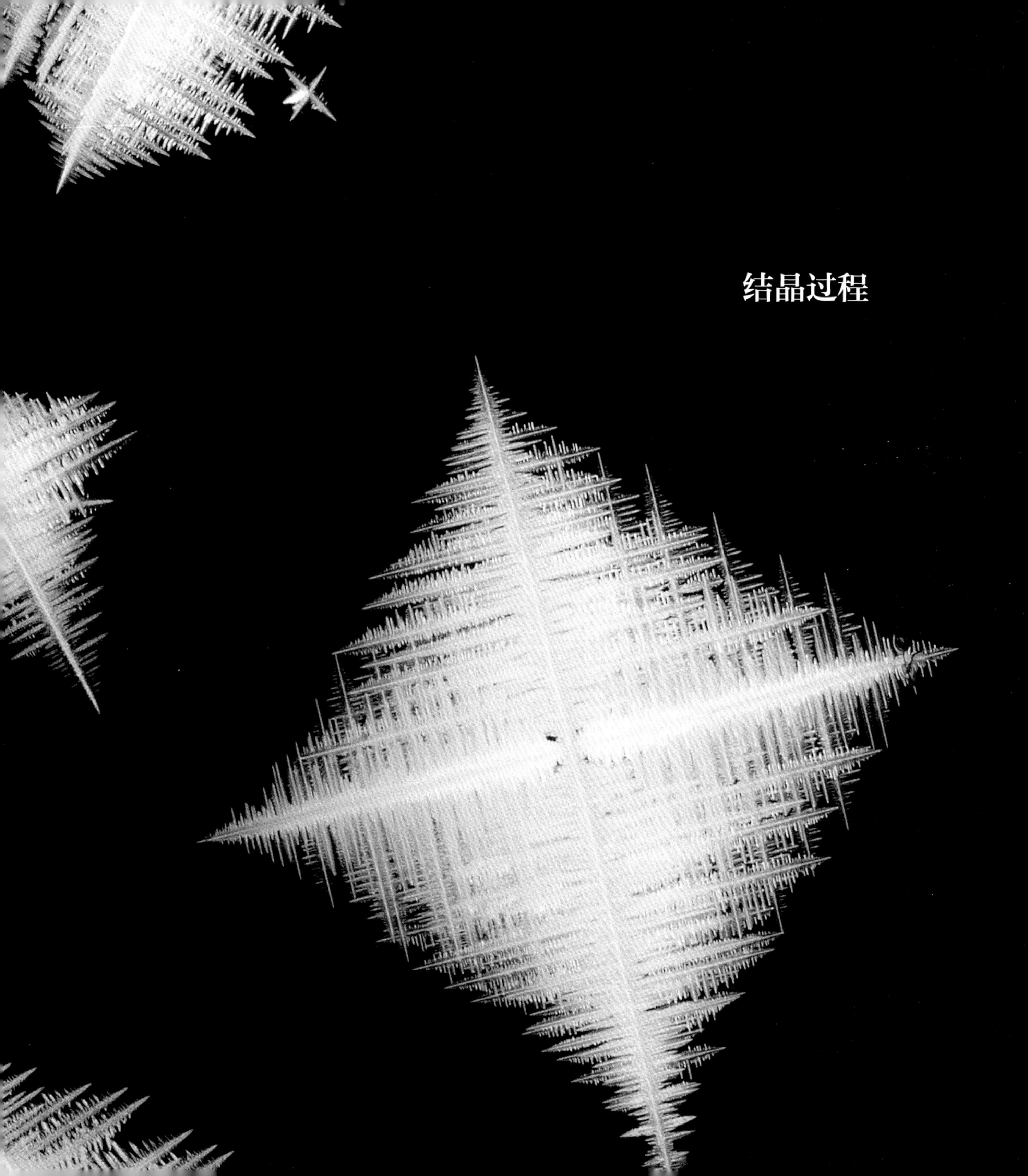

结晶过程

硫酸铜结晶过程

硫酸铜结晶过程

硫代硫酸钠结晶过程

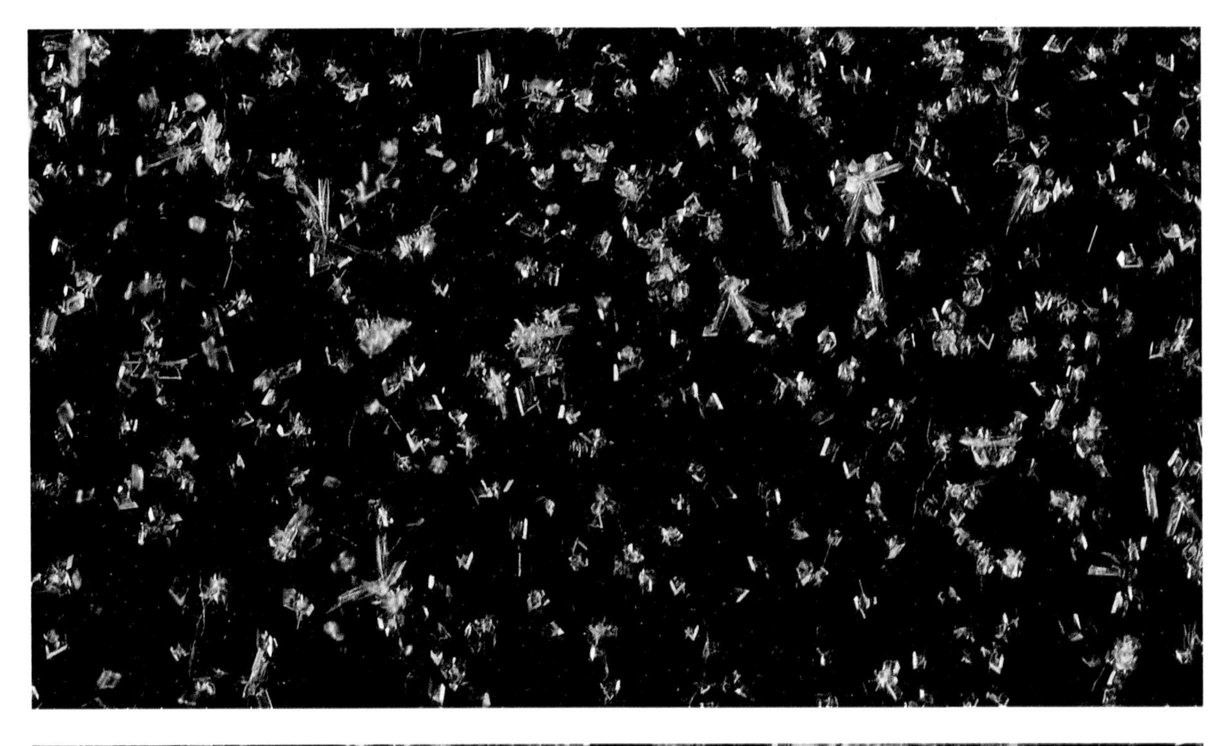

三草酸合铁酸钾结晶过程

乙酸钠结晶过程

氯化铵结晶过程

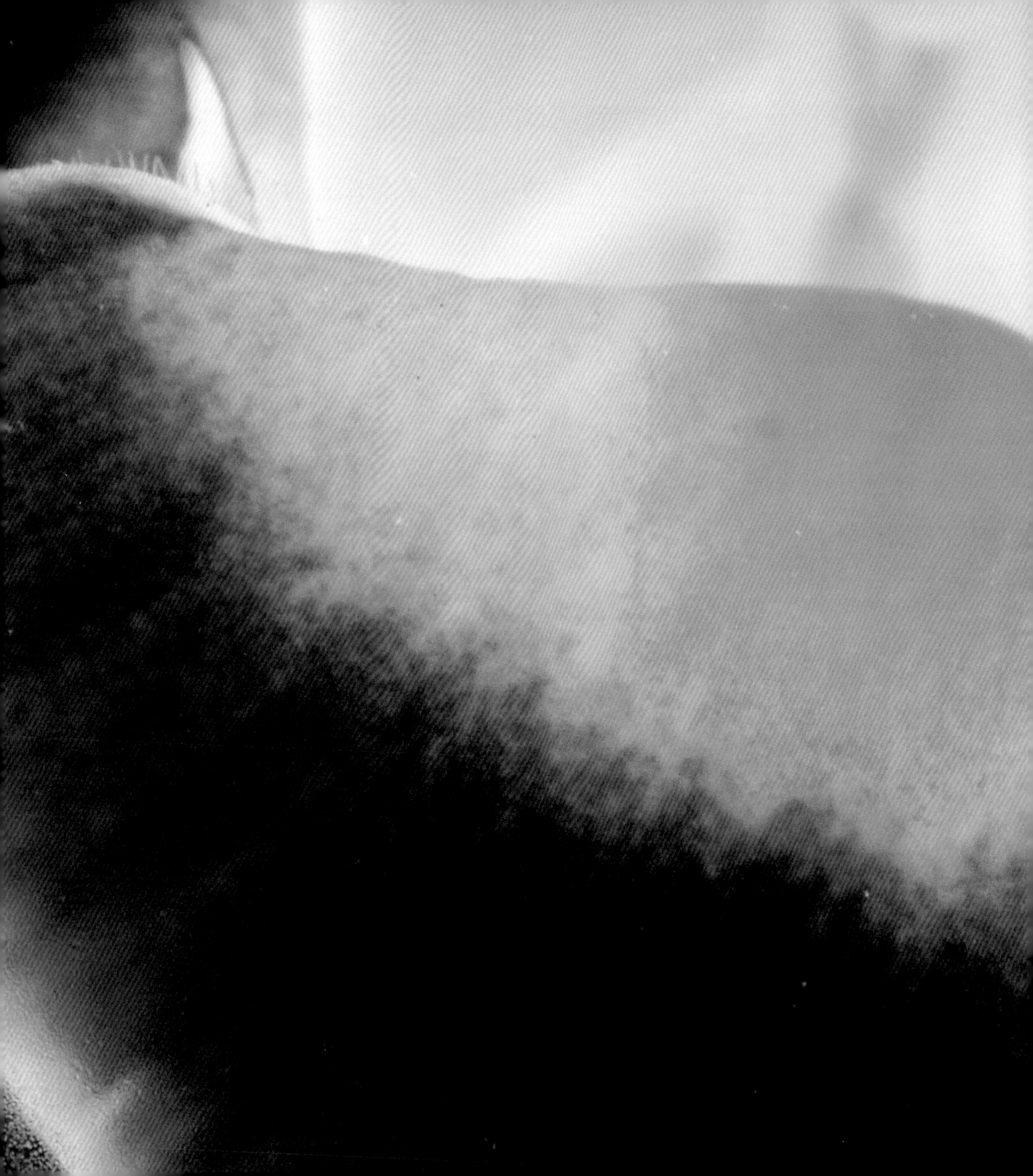

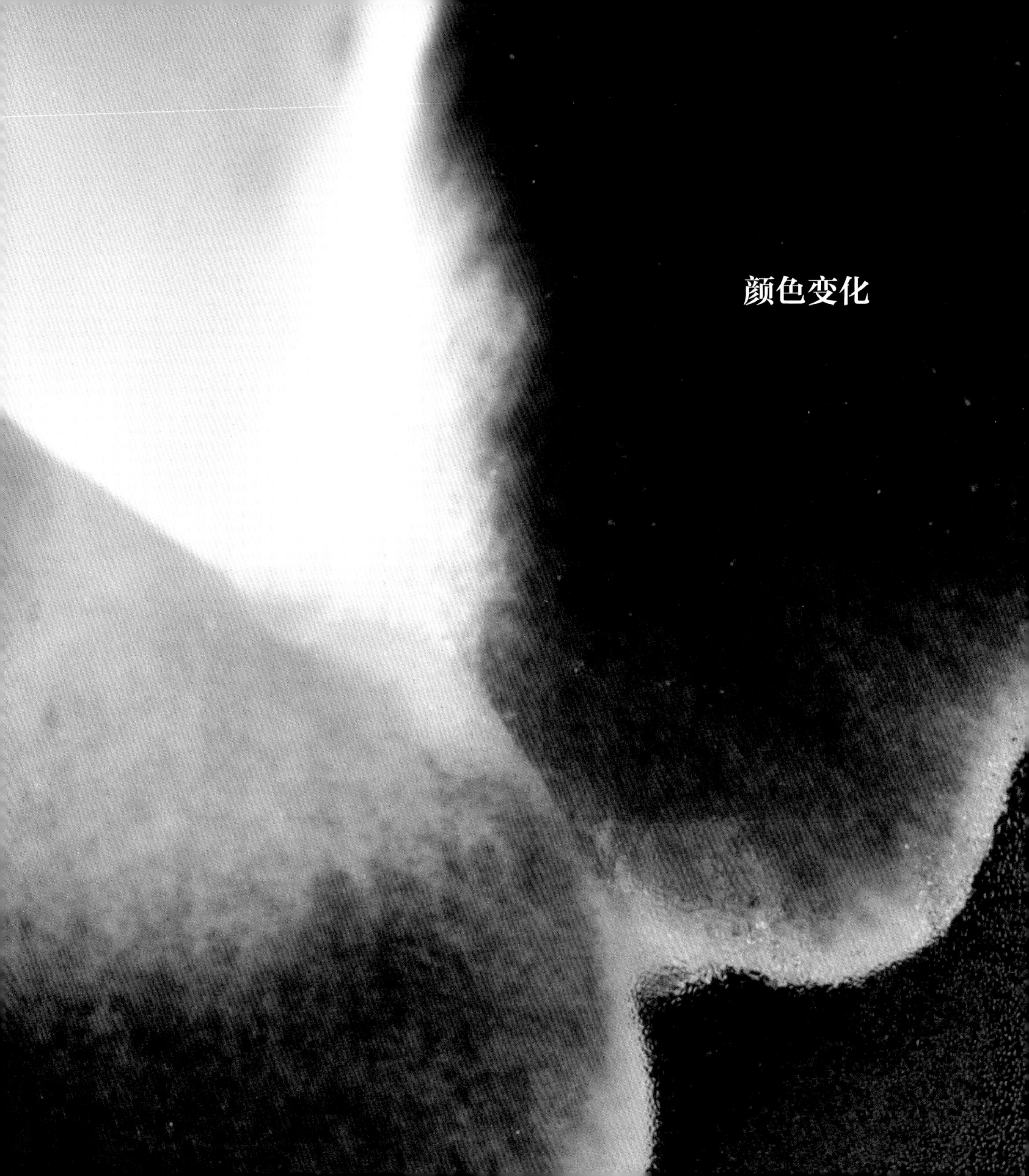

颜色变化

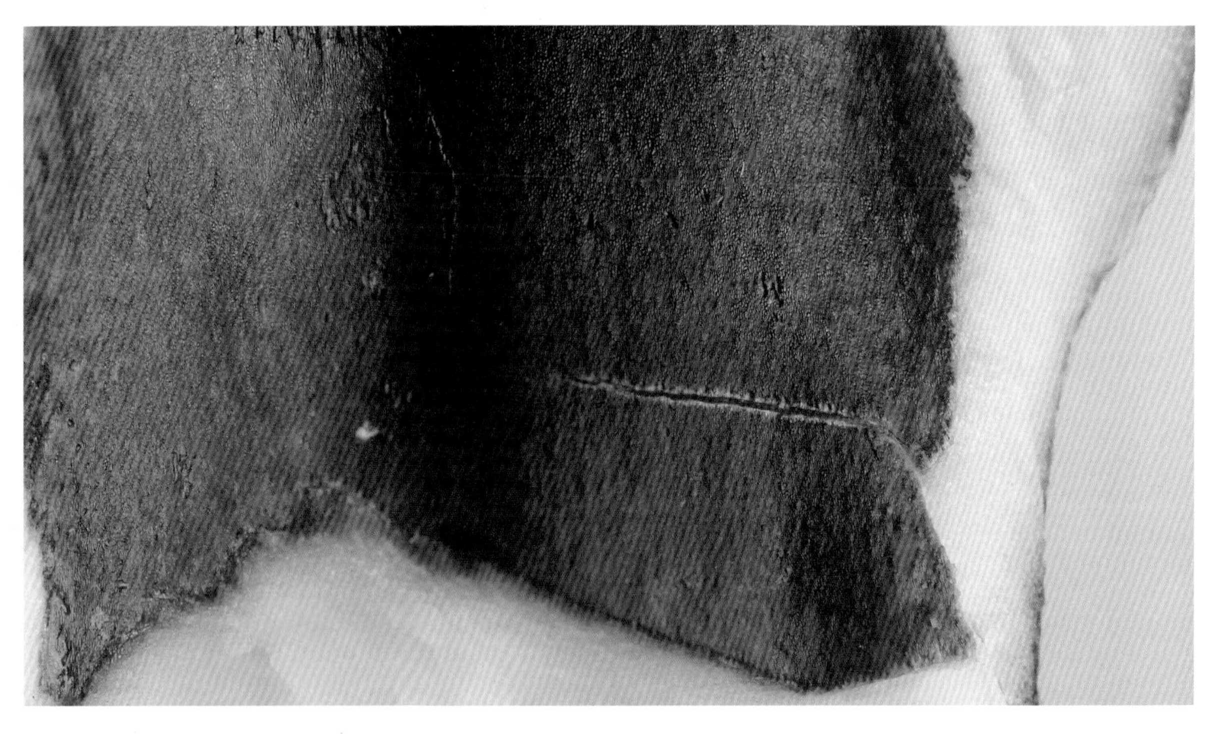

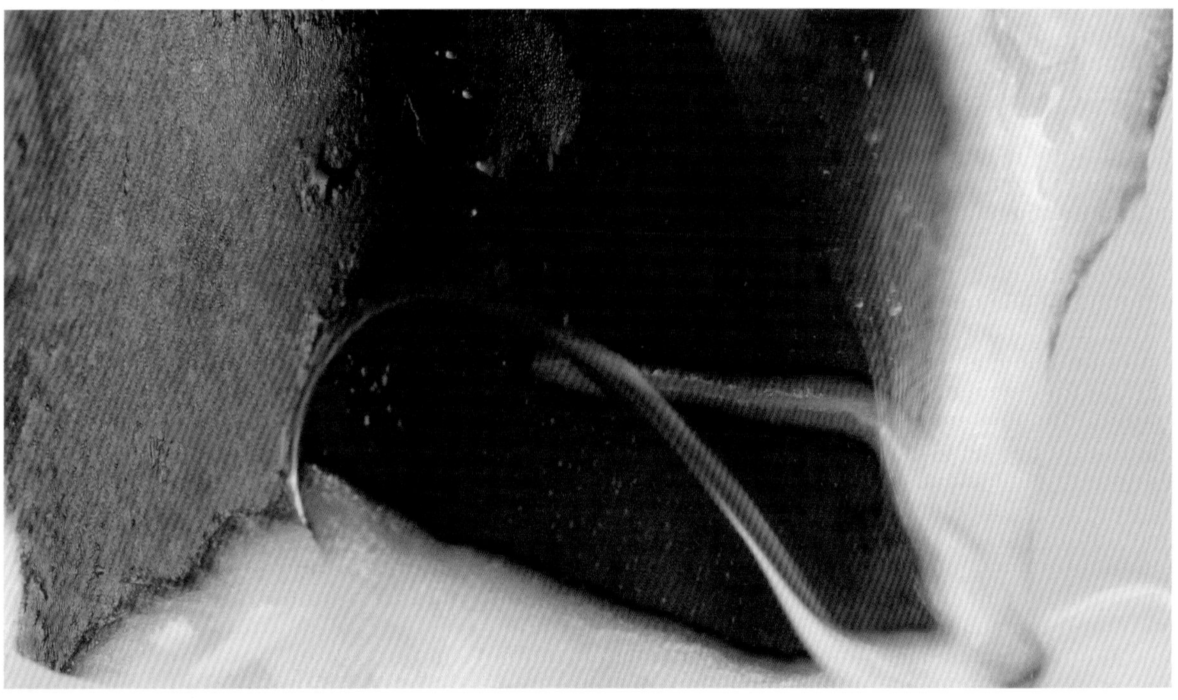

紫甘蓝在氢氧化钠溶液中的颜色变化

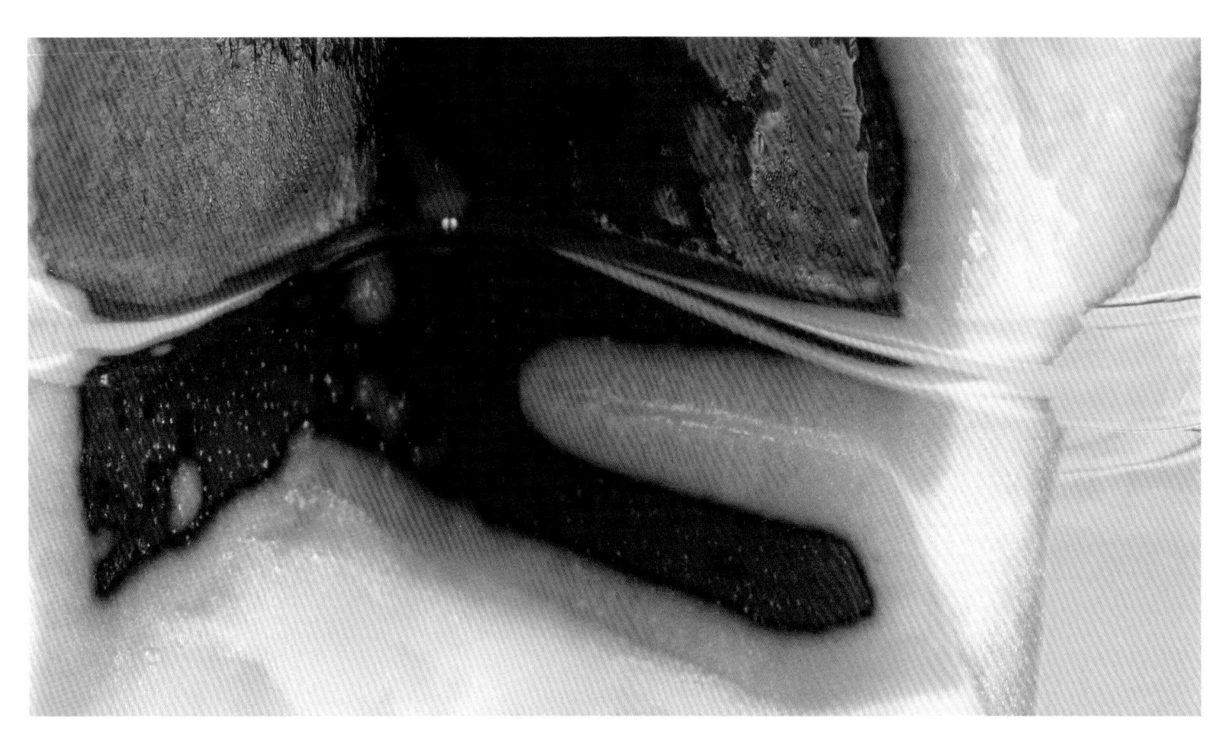

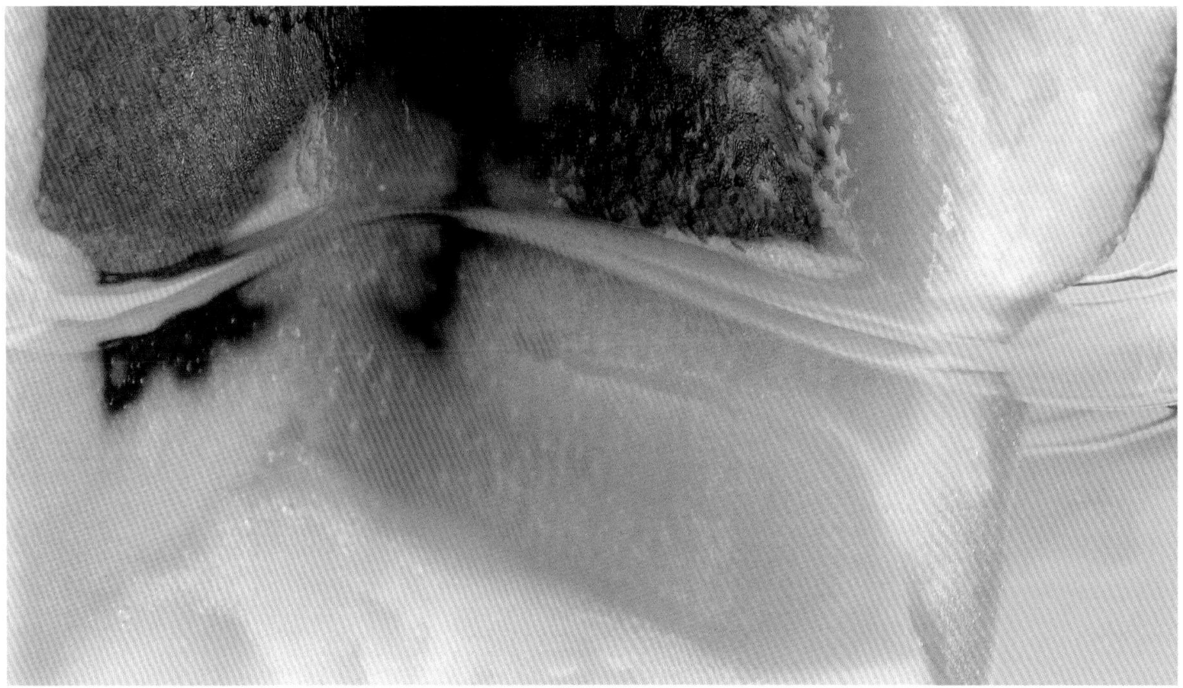

紫甘蓝在氢氧化钠溶液中的颜色变化

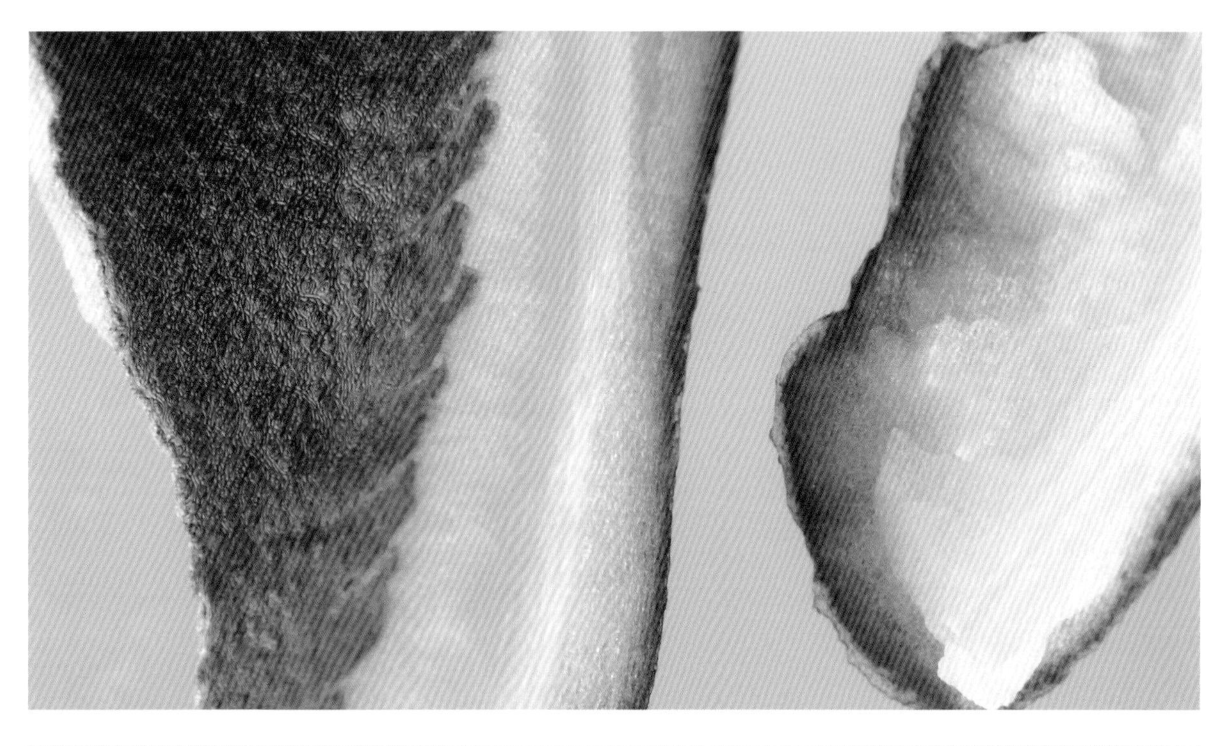

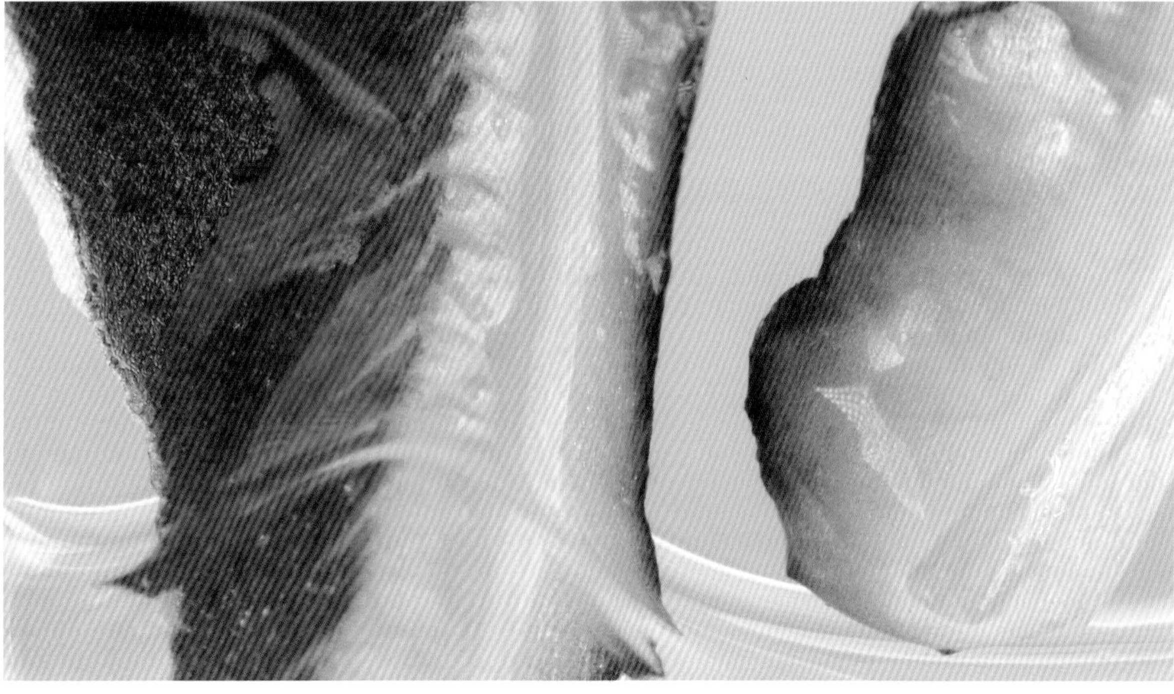

紫甘蓝在盐酸溶液中的颜色变化

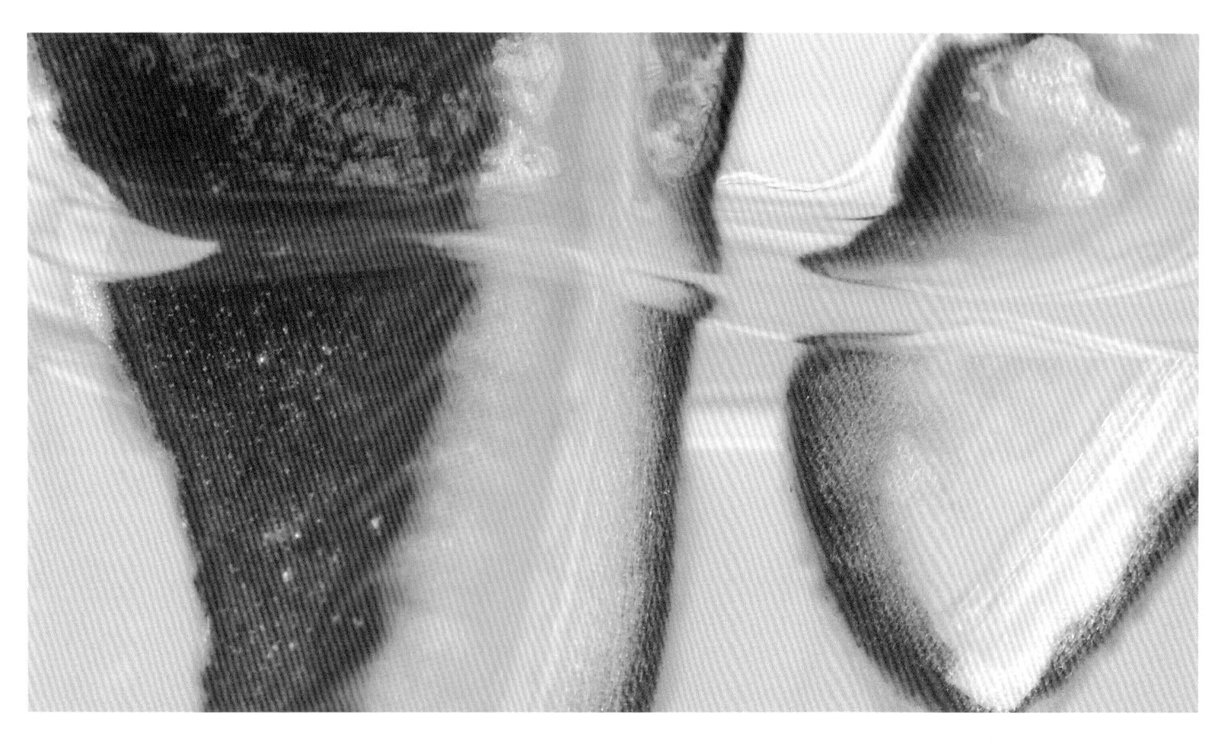

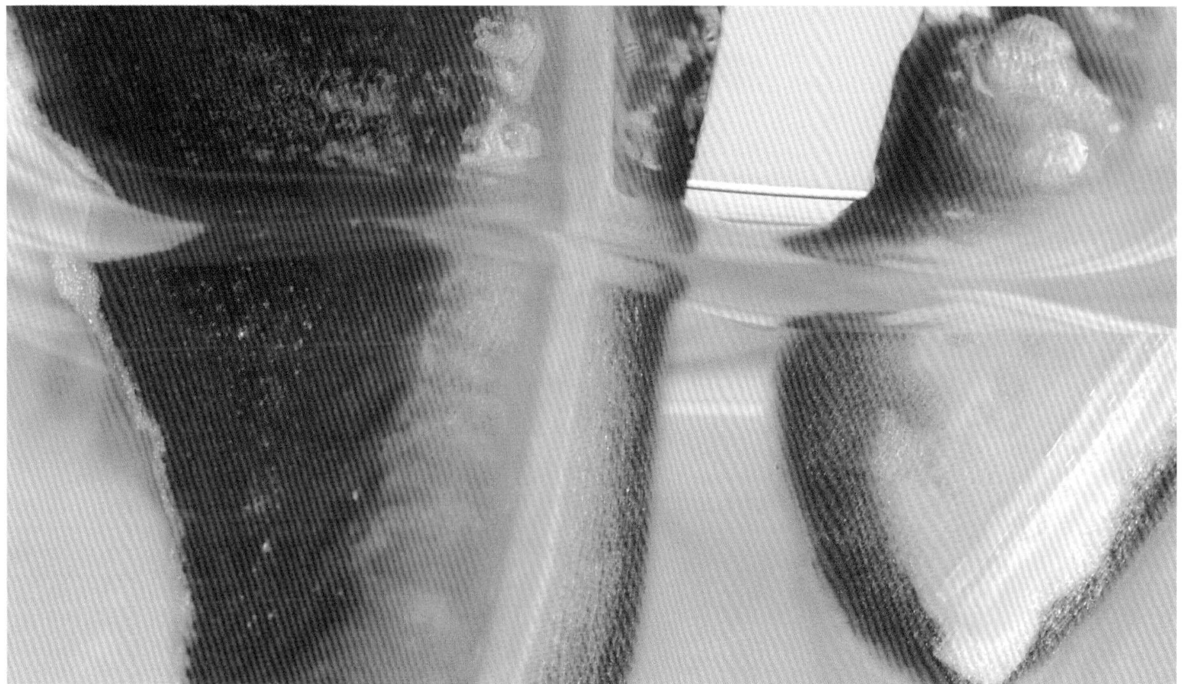

紫甘蓝在盐酸溶液中的颜色变化

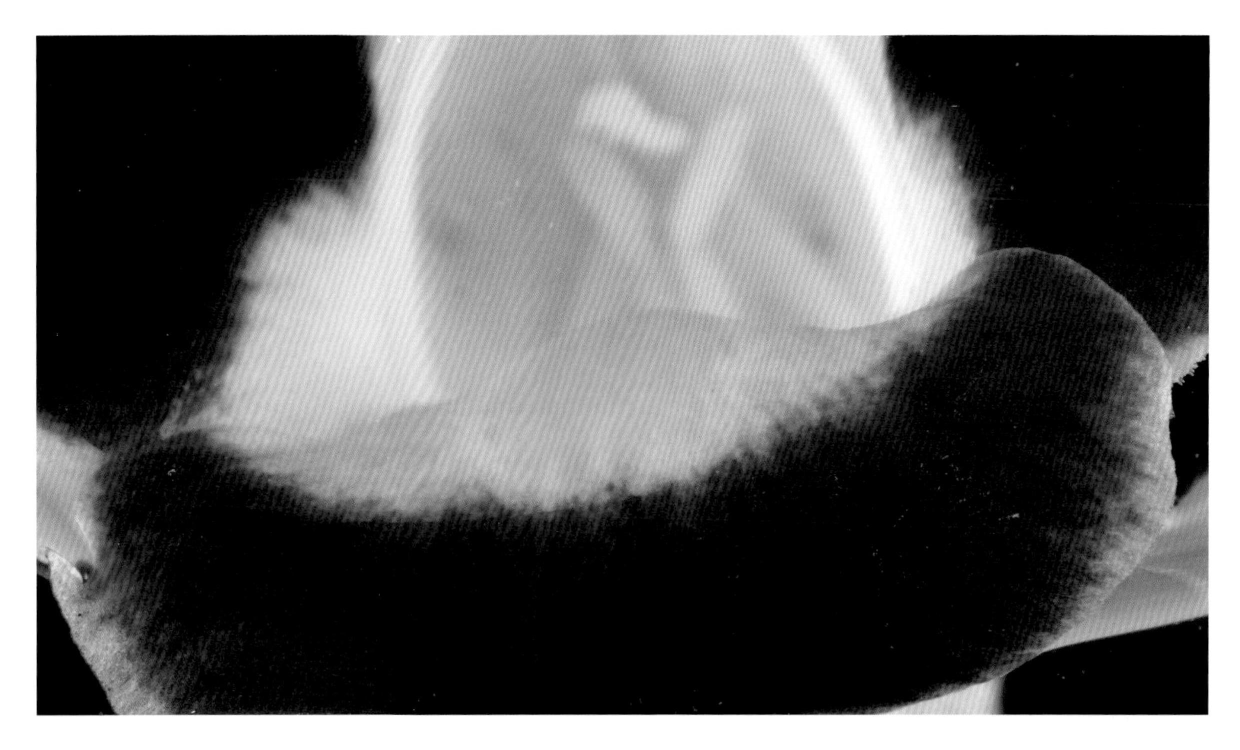

夏槿花朵在氢氧化钠溶液中的颜色变化

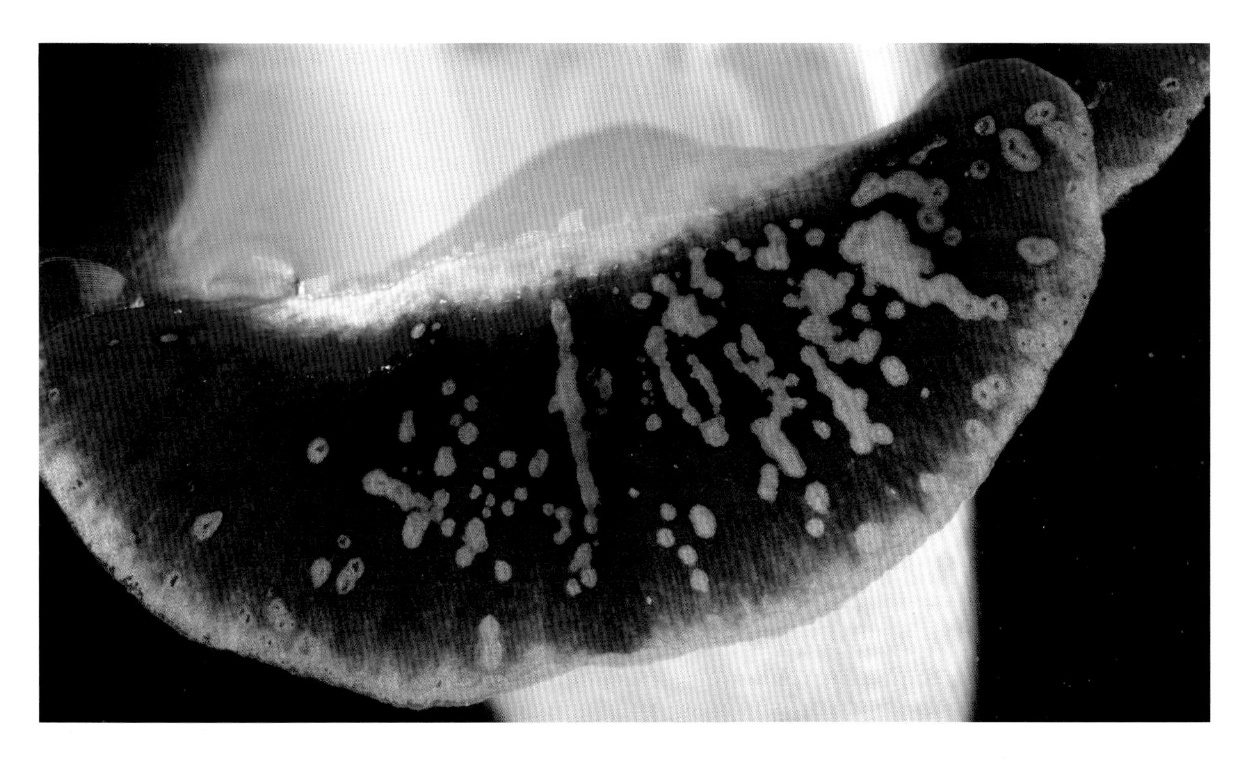

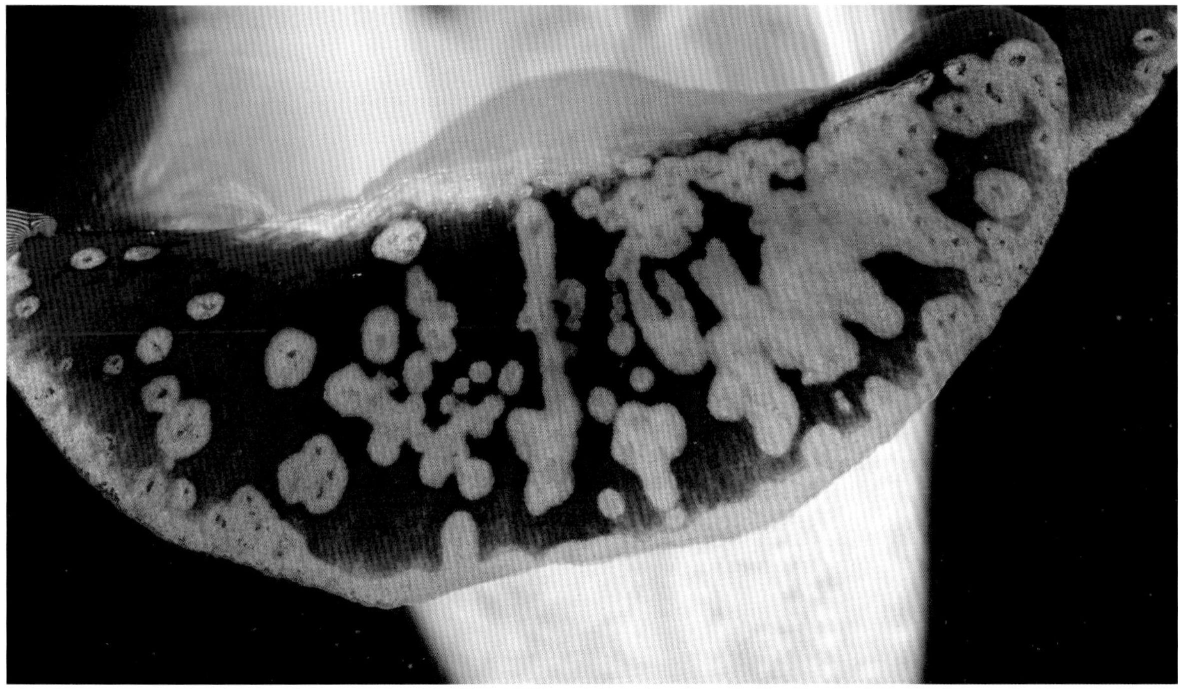

夏槿花朵在氢氧化钠溶液中的颜色变化

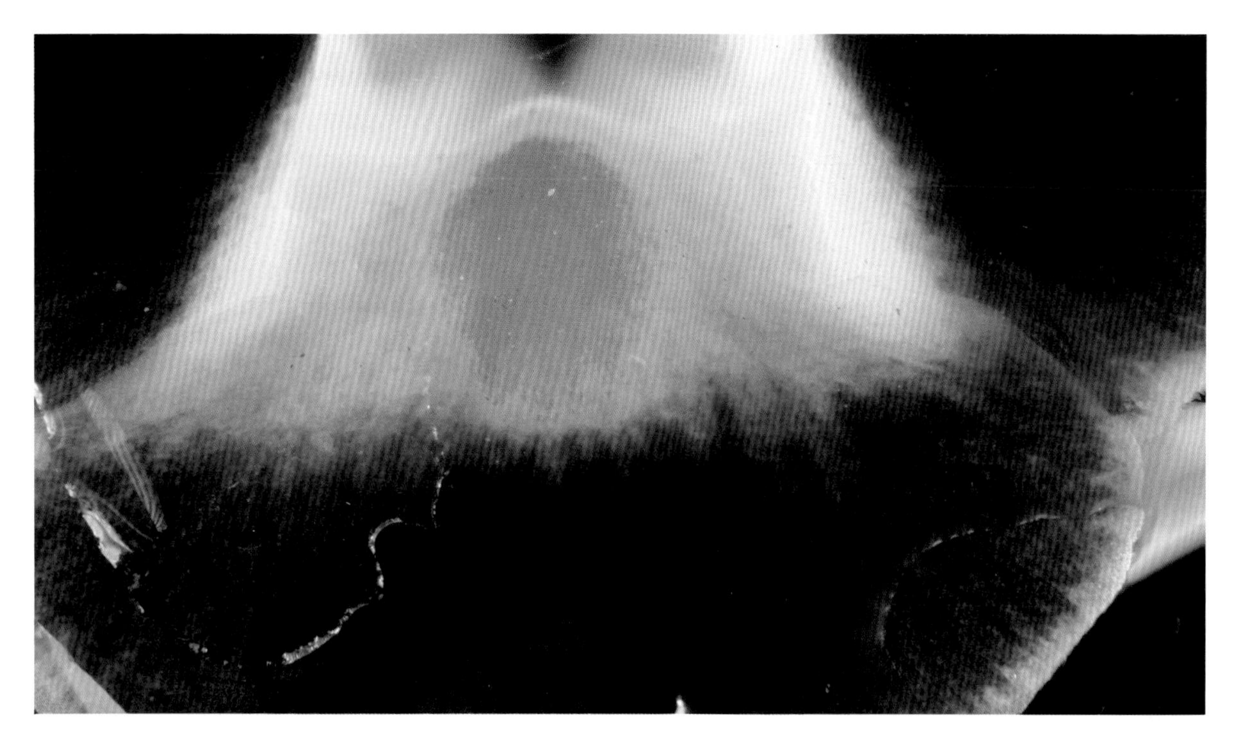

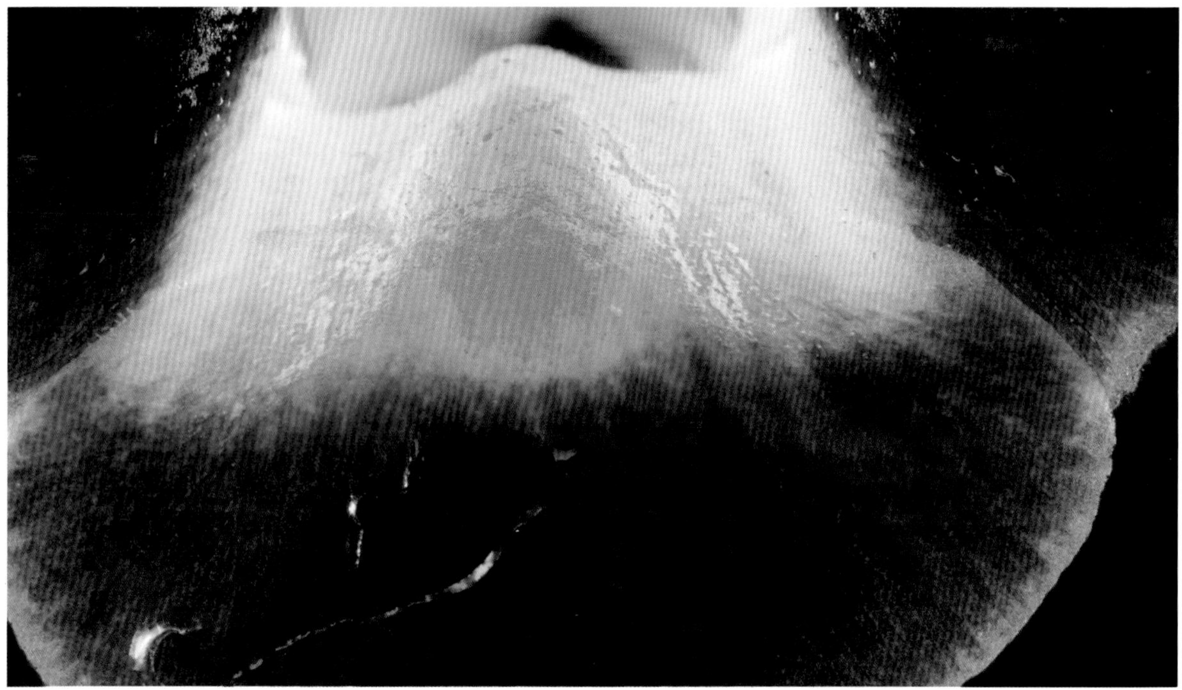

夏槿花朵在盐酸溶液中的颜色变化

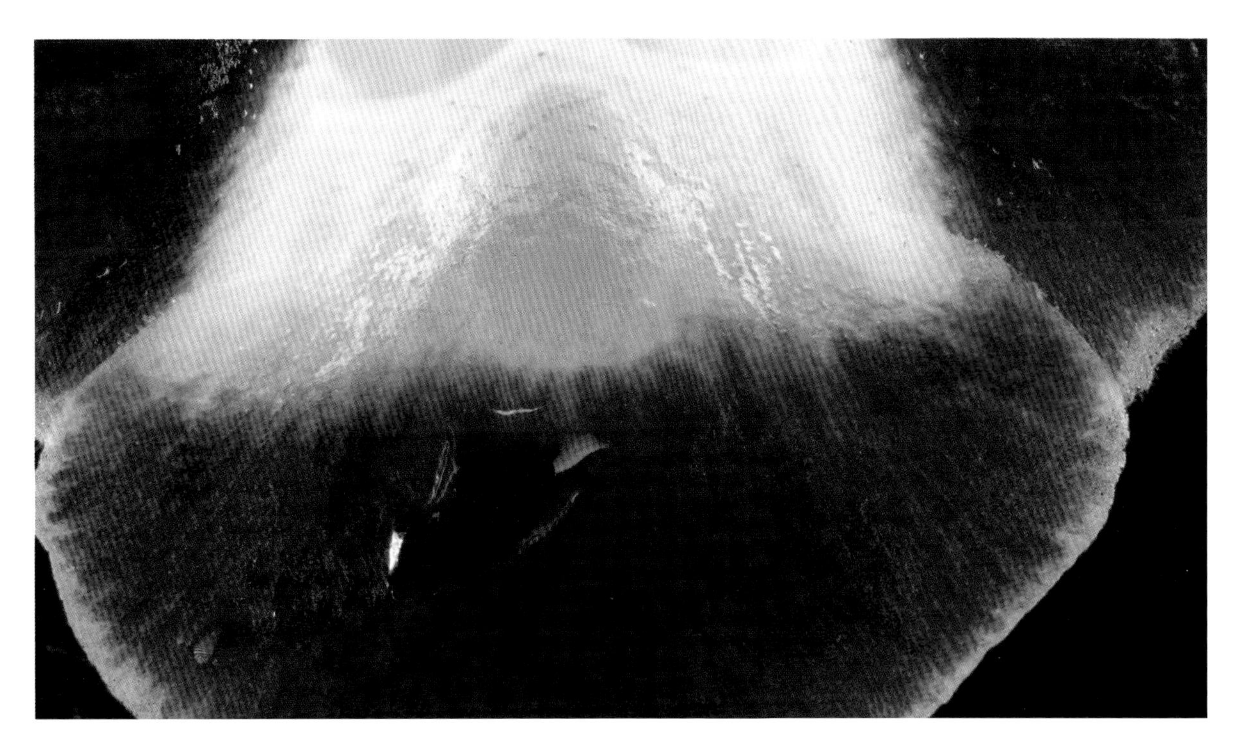

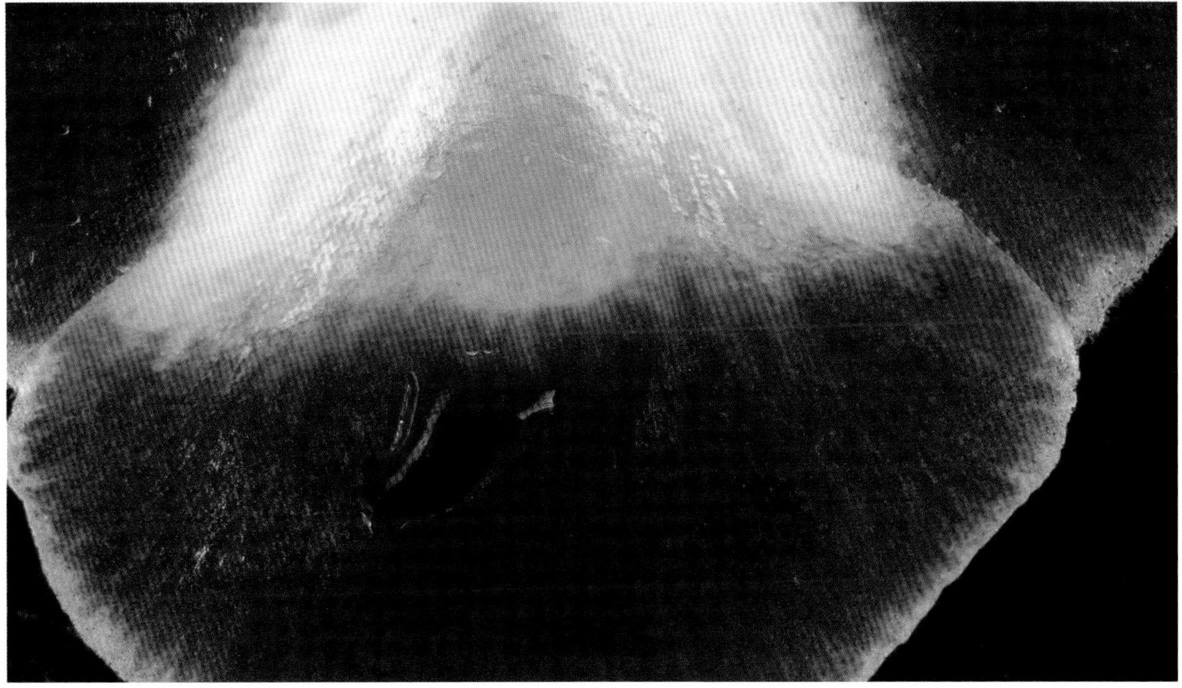

夏槿花朵在盐酸溶液中的颜色变化

产生气体

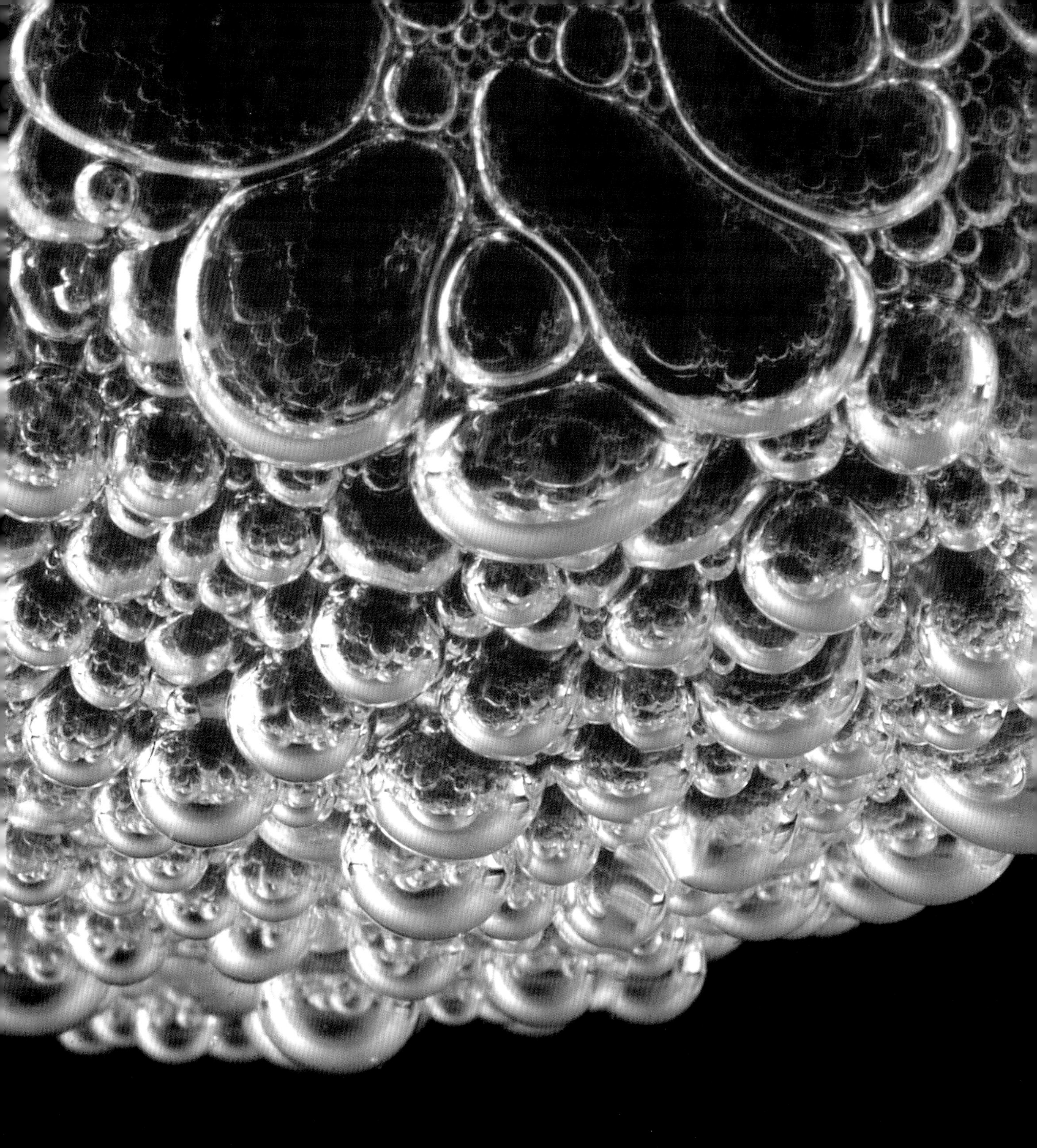

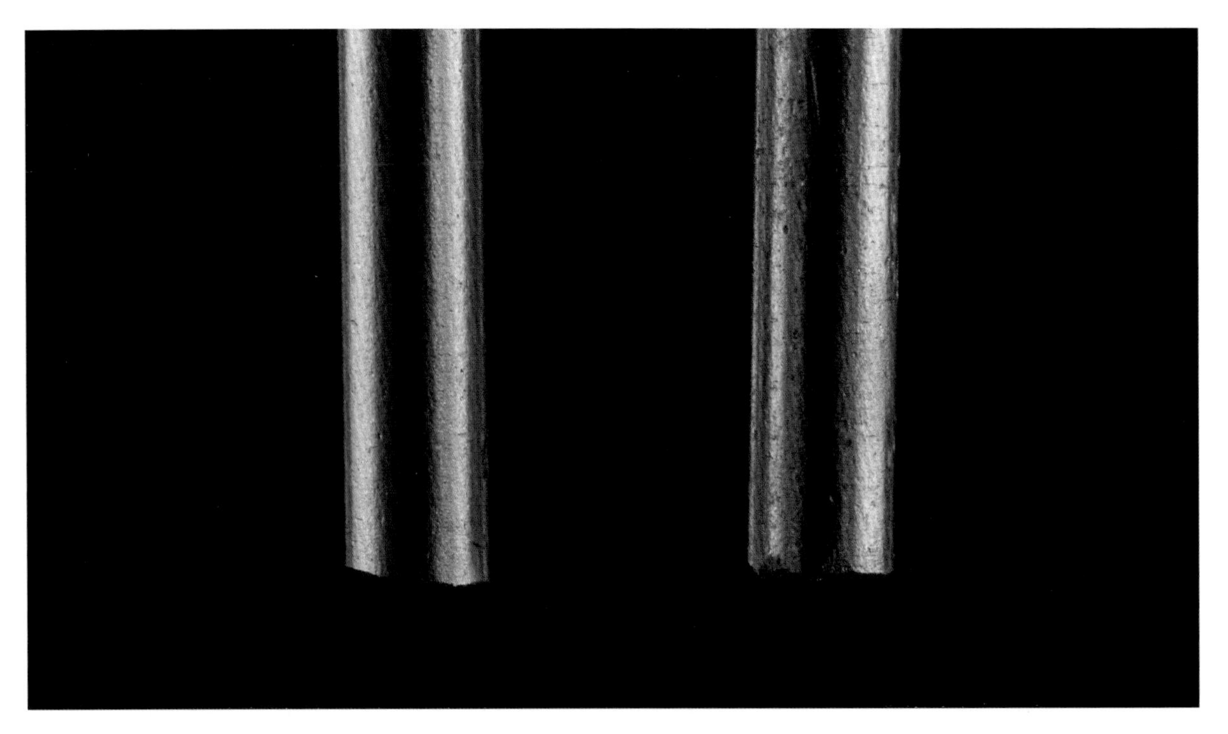

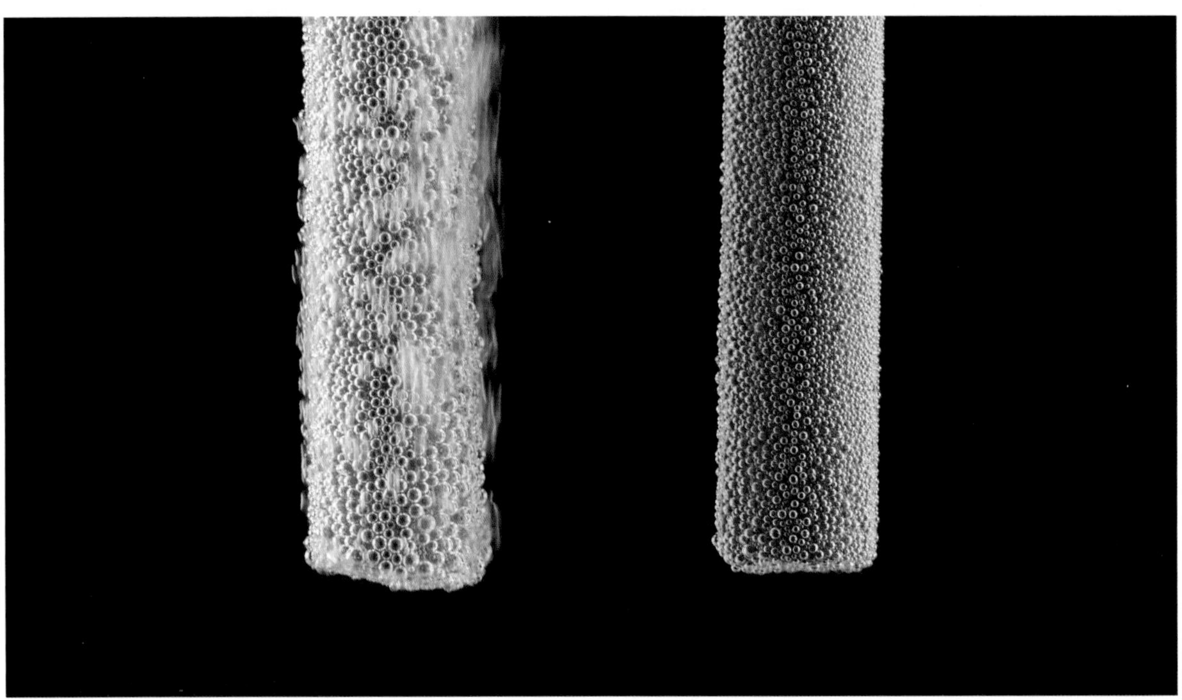

电解氢氧化钠溶液，左侧阴极产生氢气，右侧阳极产生氧气

阴极：$4H_2O + 4e^- \longrightarrow 4OH^- + 2H_2\uparrow$；阳极：$4OH^- \longrightarrow 2H_2O + O_2\uparrow + 4e^-$

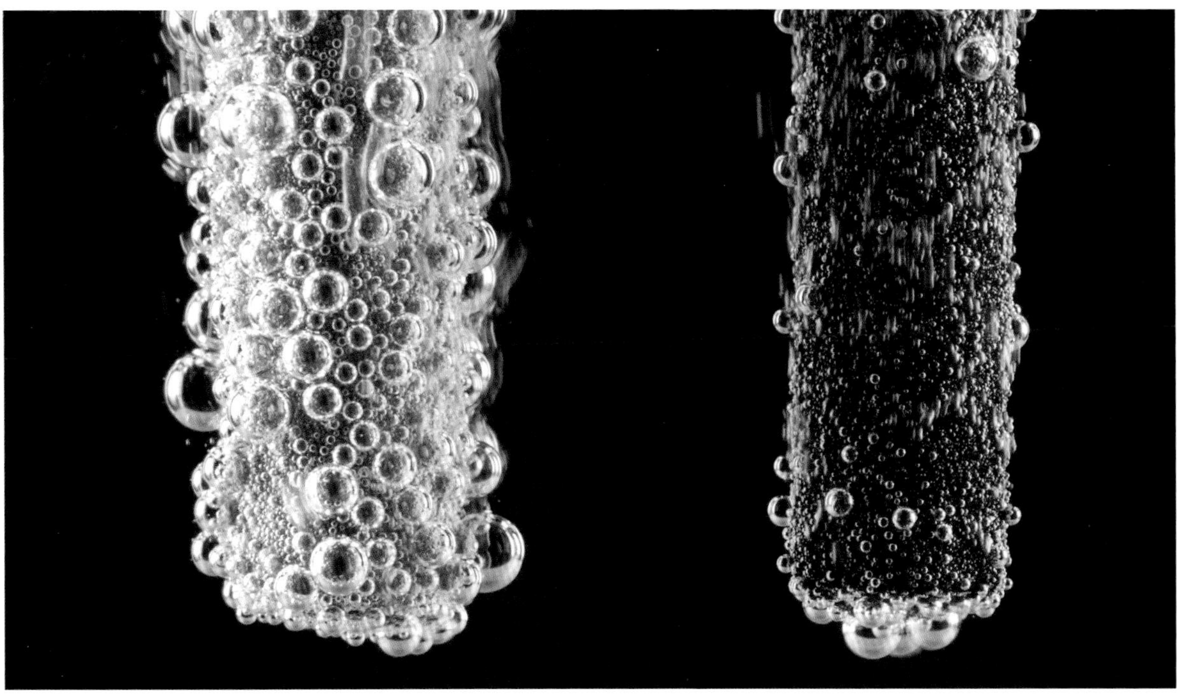

电解氢氧化钠溶液，左侧阴极产生氢气，右侧阳极产生氧气

阴极：$4H_2O + 4e^- \longrightarrow 4OH^- + 2H_2\uparrow$；阳极：$4OH^- \longrightarrow 2H_2O + O_2\uparrow + 4e^-$

电解食盐水过程中，左侧阴极产生的氢氧根离子首先使溶液中的酚酞变成粉色

阴极：$4H_2O + 4e^- \longrightarrow 4OH^- + 2H_2\uparrow$；阳极：$4OH^- \longrightarrow 2H_2O + O_2\uparrow + 4e^-$（少量反应 $2Cl^- \longrightarrow Cl_2\uparrow + 2e^-$）

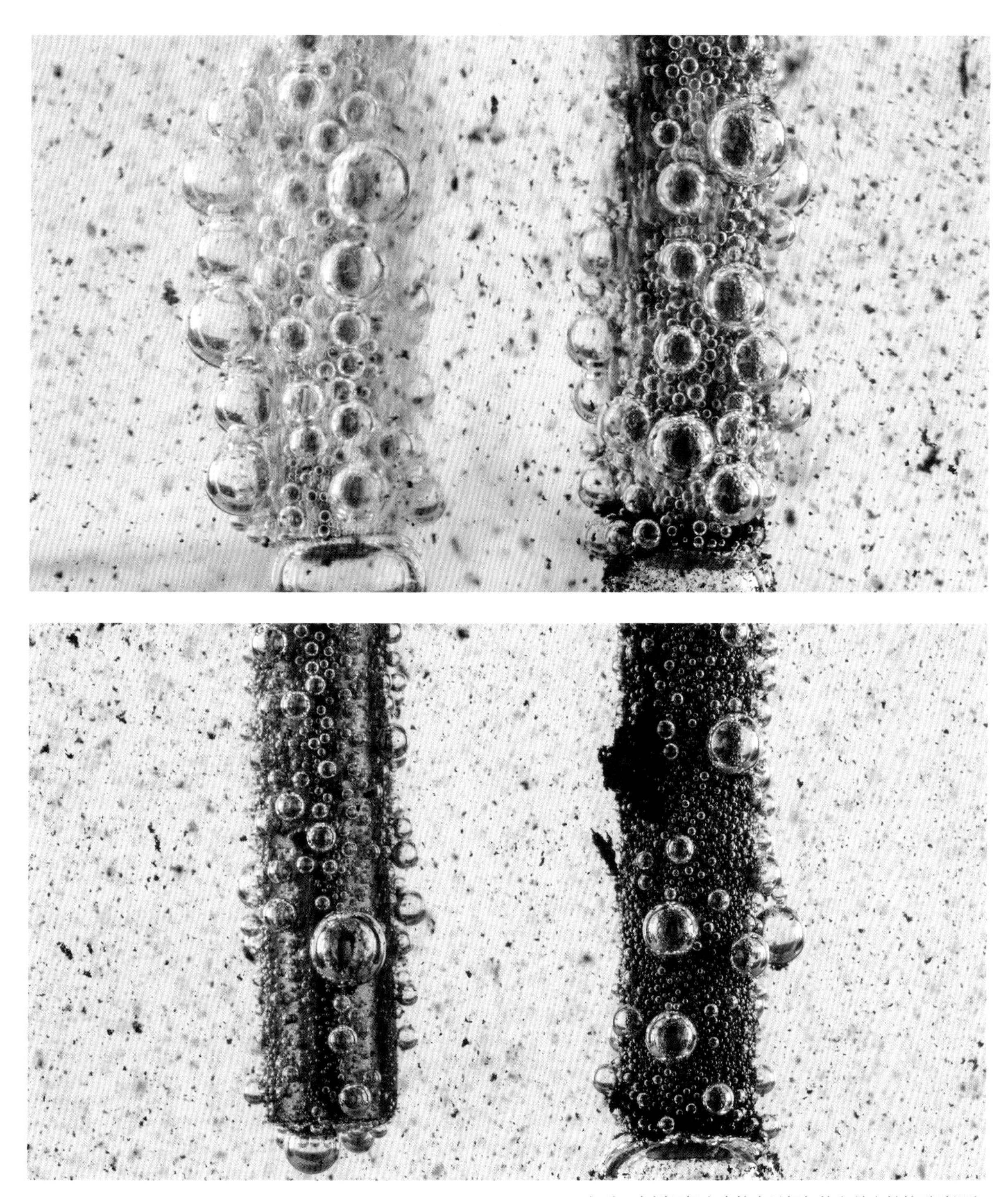

之后，右侧阳极产生的少量氯气使之前变粉的酚酞褪色

阴极：$4H_2O + 4e^- \longrightarrow 4OH^- + 2H_2\uparrow$；阳极：$4OH^- \longrightarrow 2H_2O + O_2\uparrow + 4e^-$（少量反应 $2Cl^- \longrightarrow Cl_2\uparrow + 2e^-$）

【上】金属锌和盐酸反应生成氢气；【下】金属镁与乙酸反应生成氢气

【上】$Zn + 2HCl \longrightarrow ZnCl_2 + H_2\uparrow$；【下】$Mg + 2CH_3COOH \longrightarrow Mg(CH_3COO)_2 + H_2\uparrow$

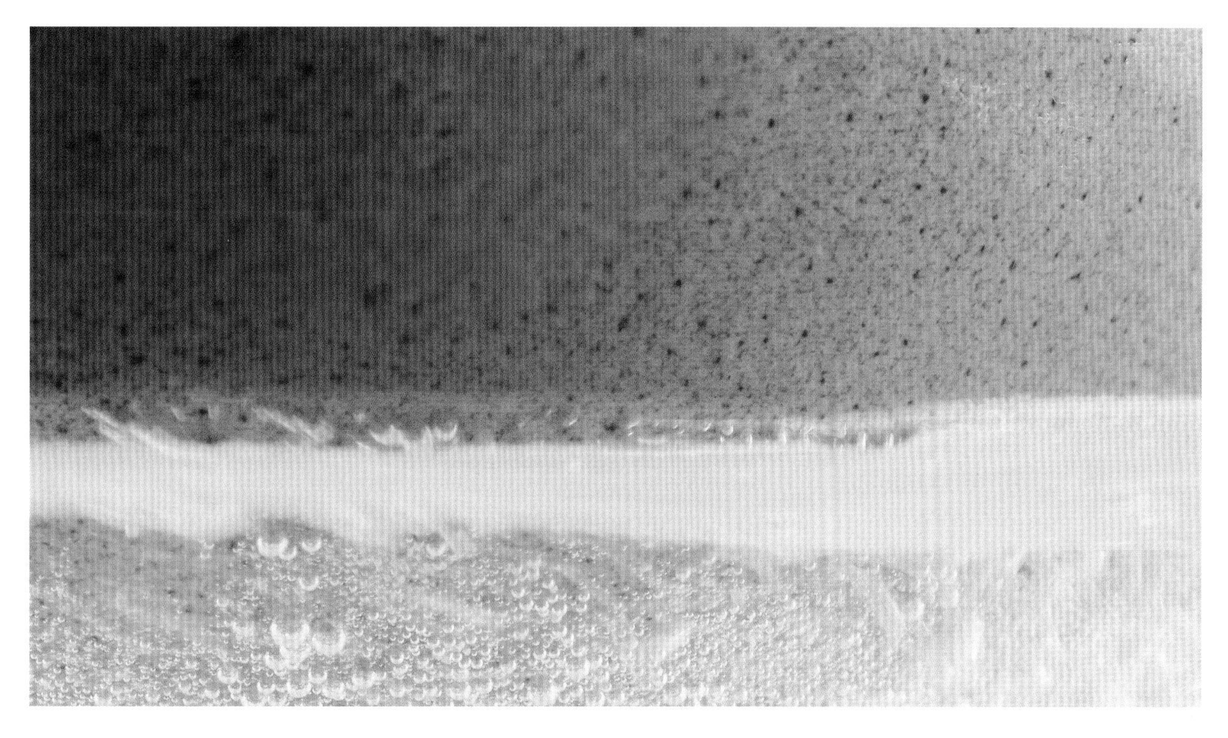

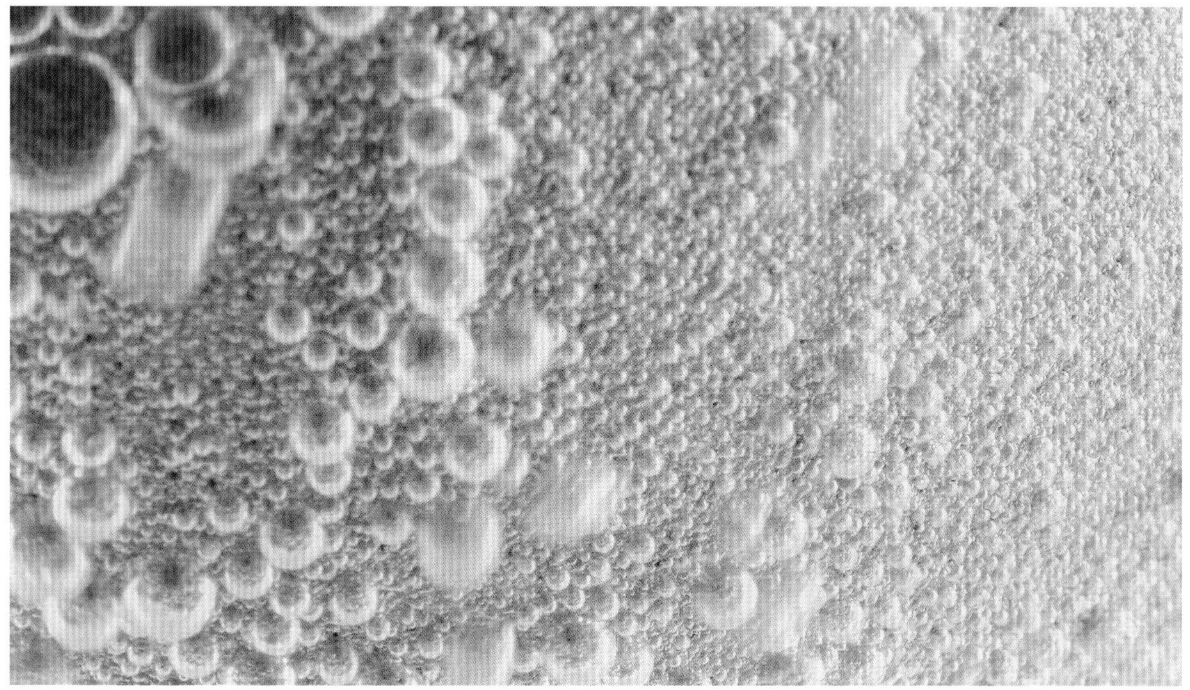

鸡蛋壳中的碳酸钙和盐酸反应生成二氧化碳气体

$$CaCO_3 + 2HCl \longrightarrow CaCl_2 + H_2O + CO_2\uparrow$$

荧光液滴

将绿色和粉色荧光棒中的所有液体混合在一起，并加入氢氧化钠溶液，生成漂亮的荧光液滴

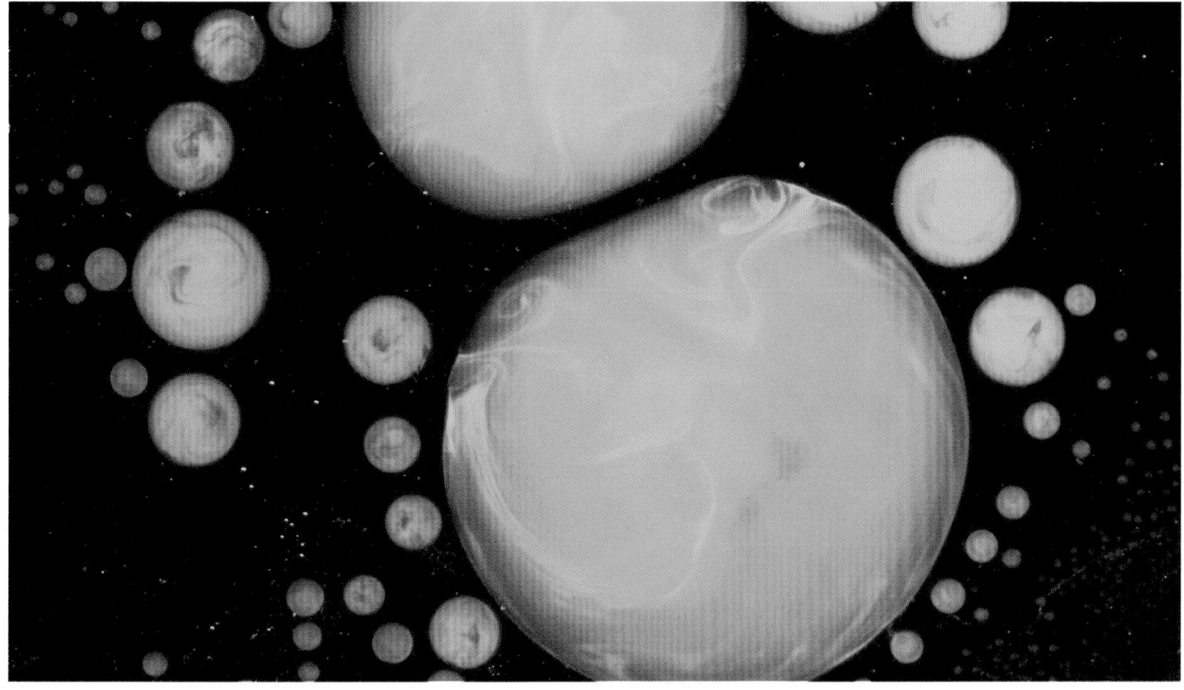

将绿色荧光棒中的两种液体取出并混合，加入氢氧化钠溶液，生成漂亮的绿色荧光液滴

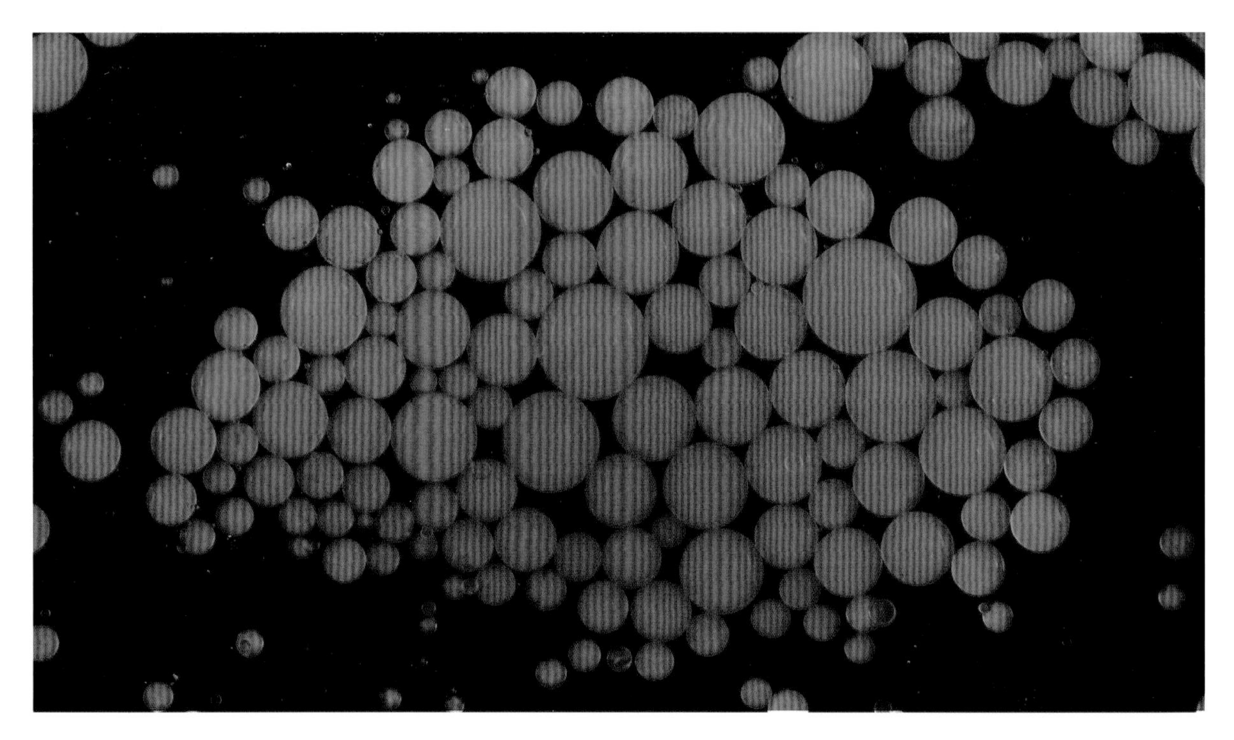

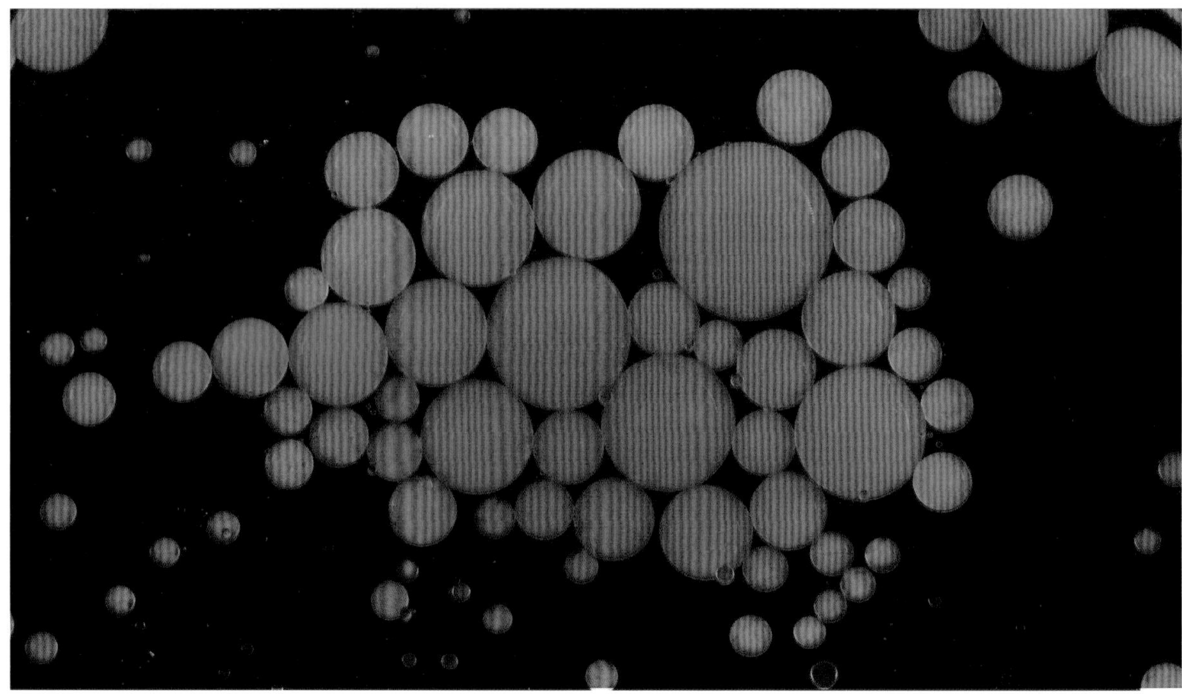

将粉色荧光棒中的两种液体取出并混合，加入氢氧化钠溶液，生成漂亮的粉色荧光液滴

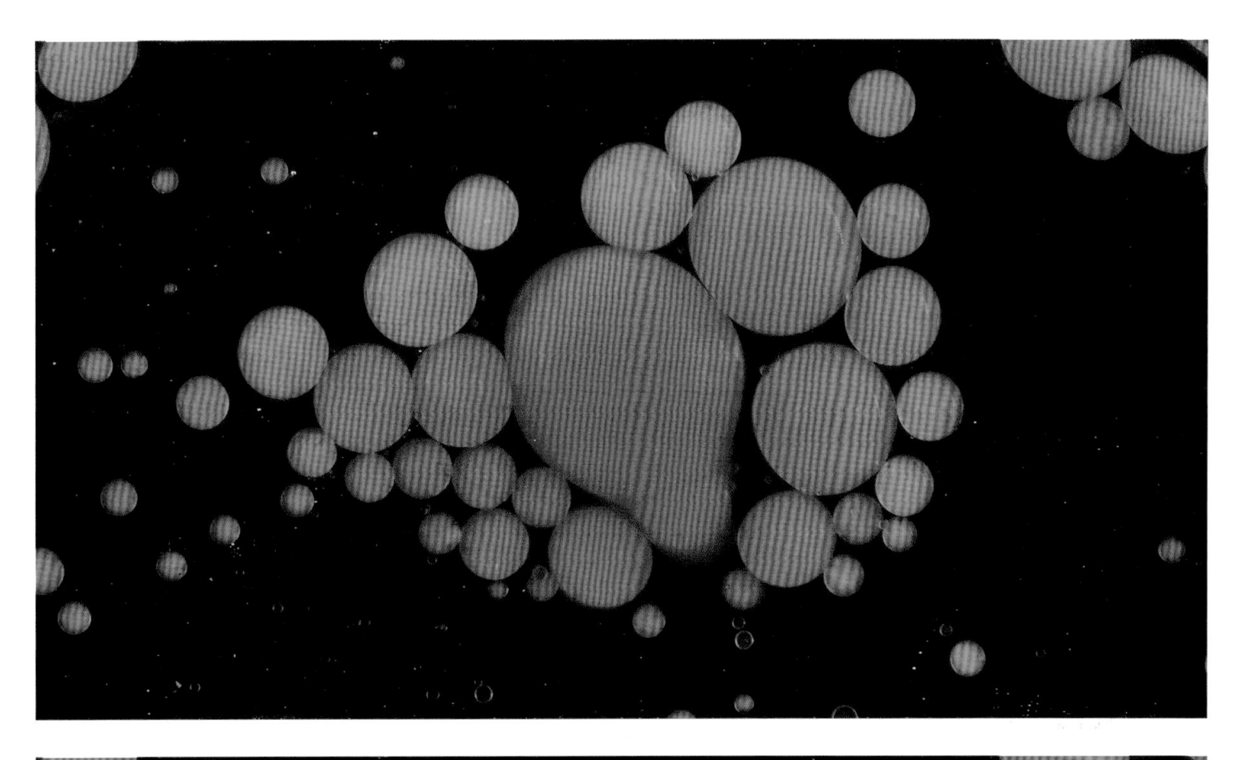

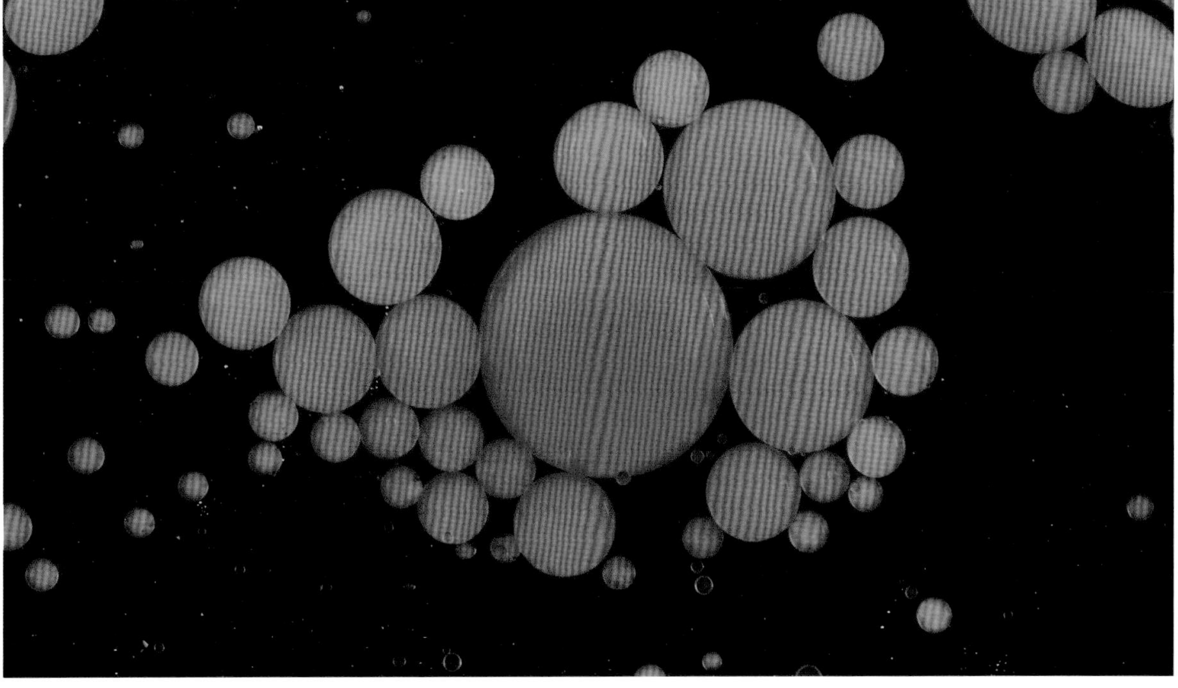

粉色荧光液滴聚集

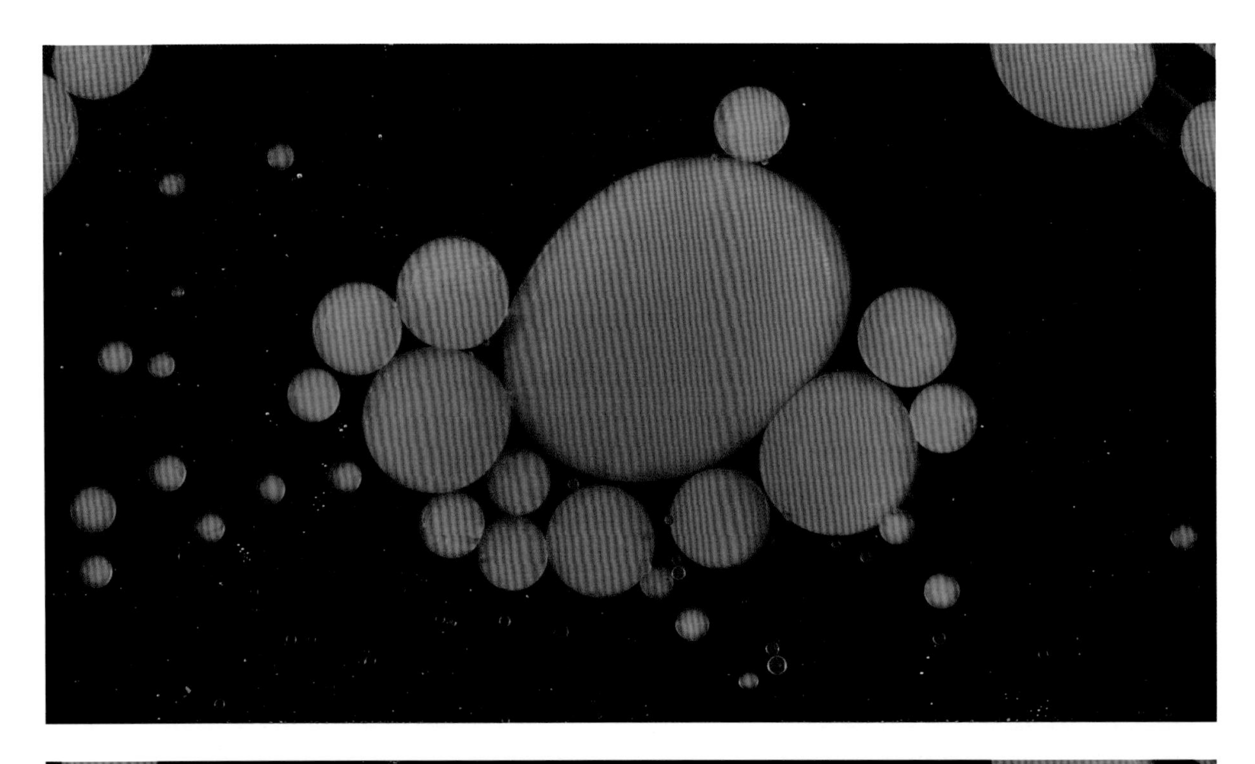

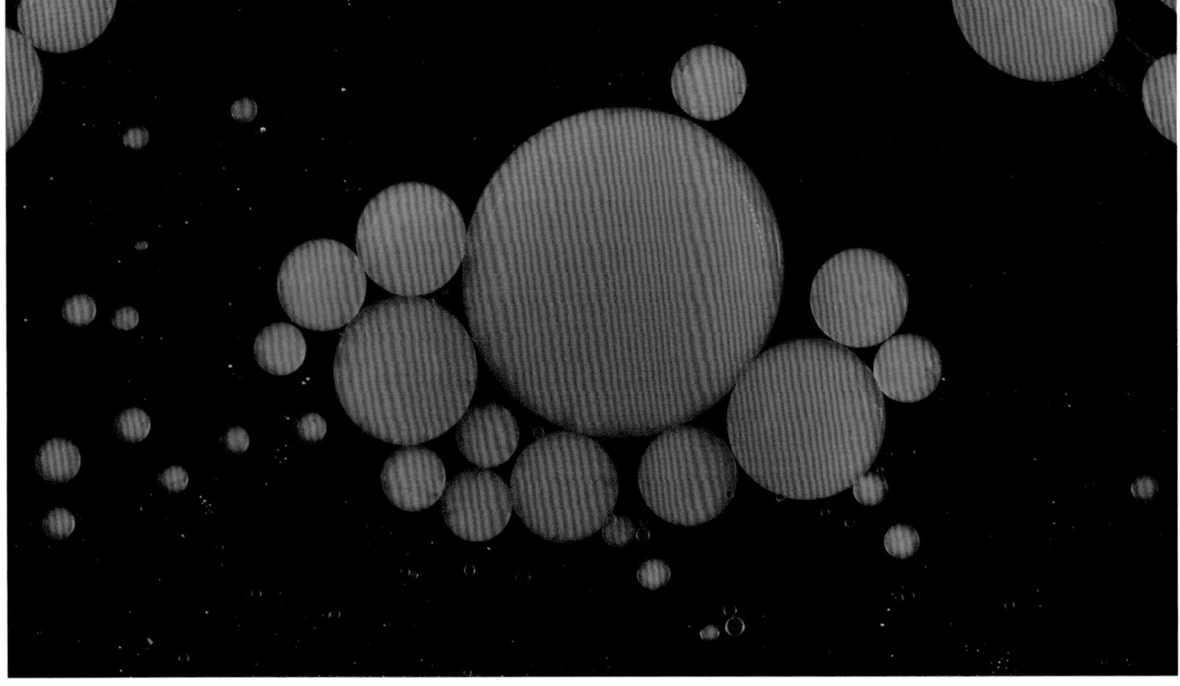

粉色荧光液滴继续聚集

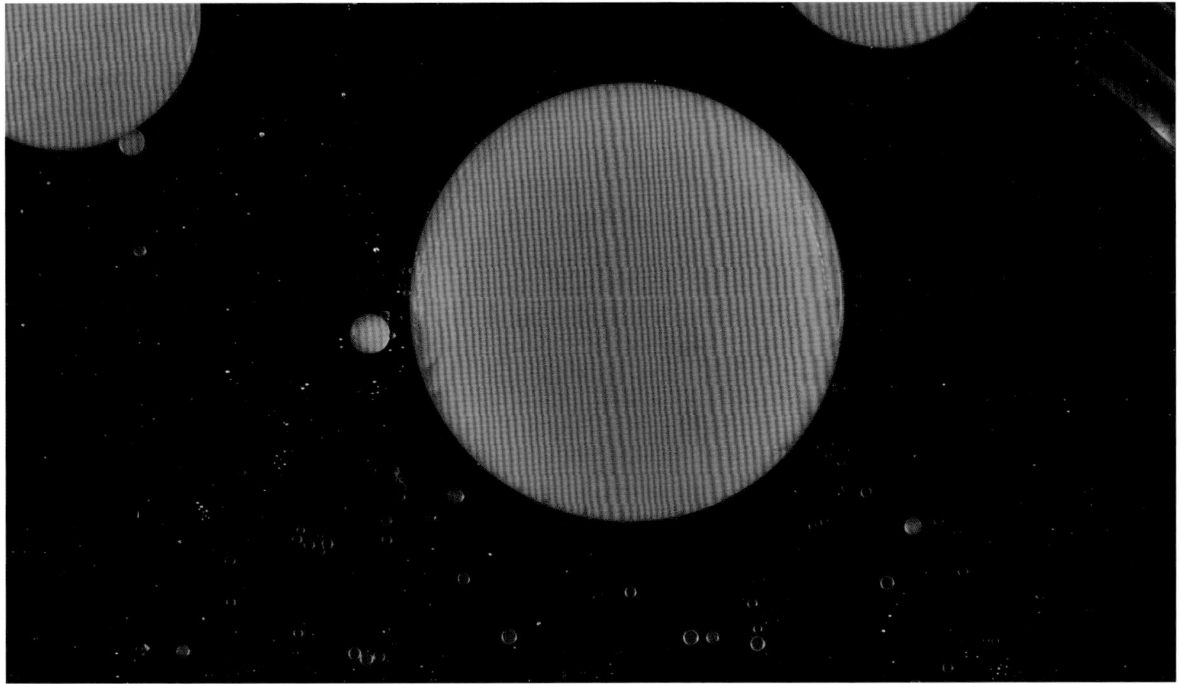

粉色荧光液滴最终聚集成一个液滴

烟

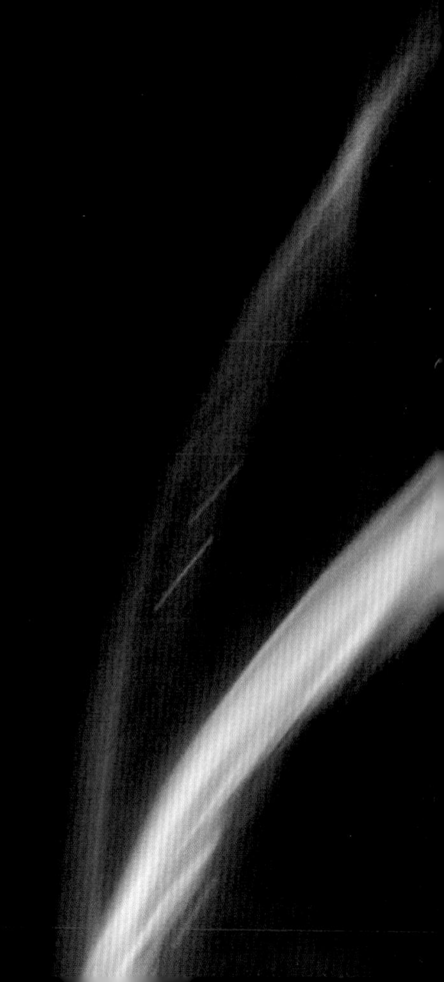

蜡烛燃烧在玻璃上留下的黑色烟灰

檀香燃烧产生的白烟

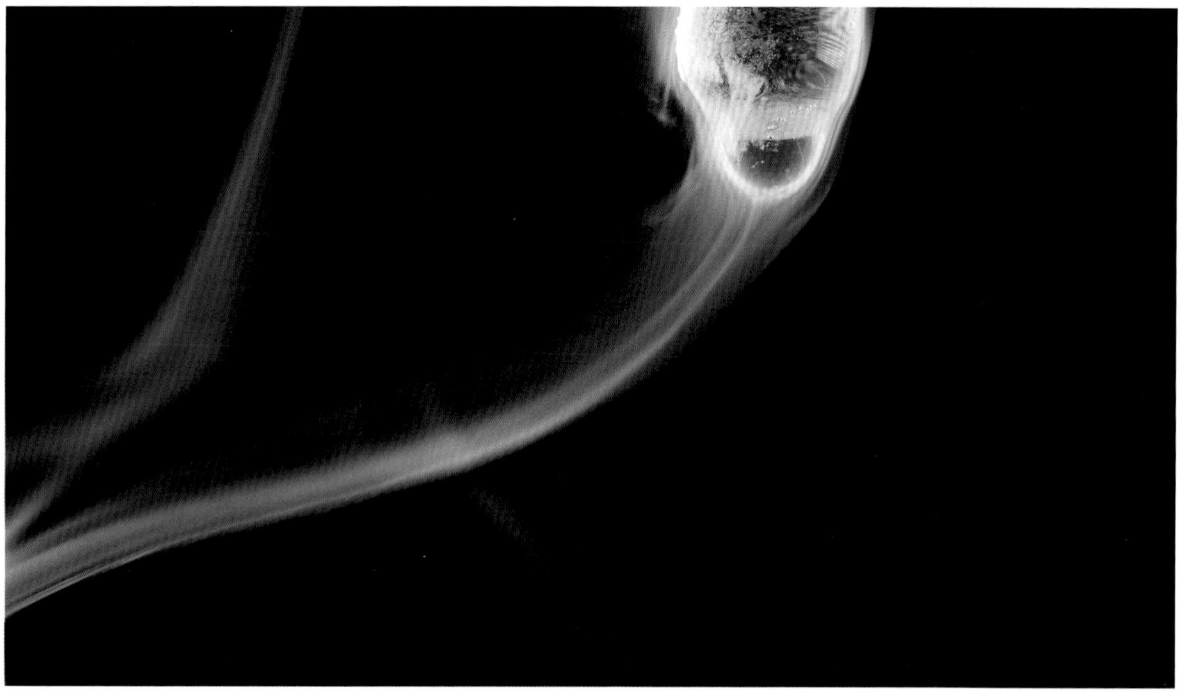

浓盐酸液滴挥发出的氯化氢气体与画面外浓氨水挥发出的氨气反应，生成氯化铵白烟

$NH_3 + HCl \longrightarrow NH_4Cl$

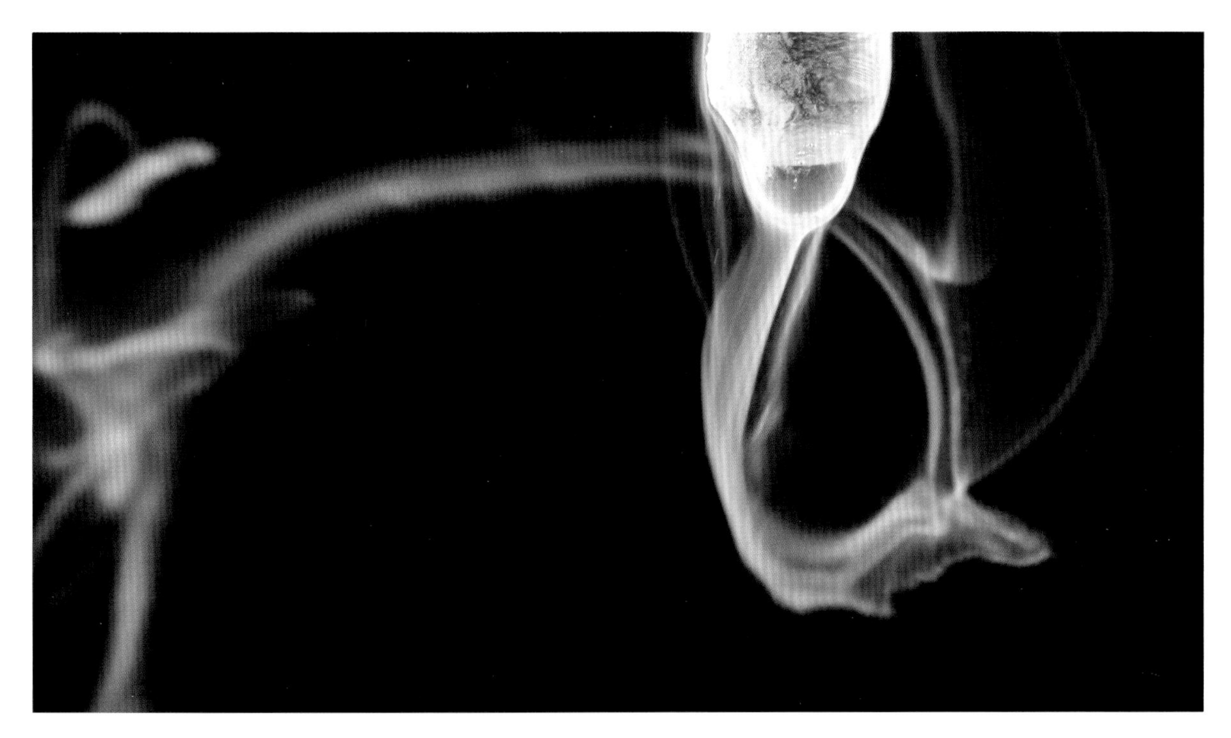

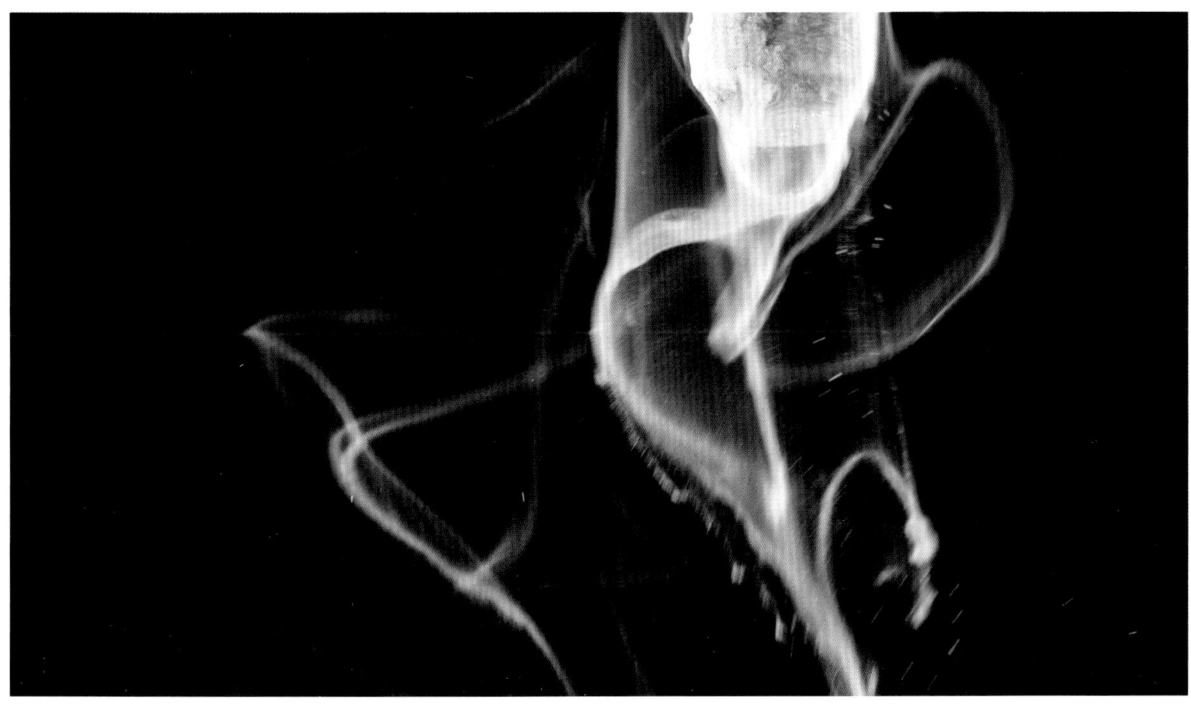

浓盐酸液滴挥发出的氯化氢气体与画面外浓氨水挥发出的氨气反应，生成氯化铵白烟

$NH_3 + HCl \longrightarrow NH_4Cl$